金属矿山采动岩石力学问题数值模拟分析

卢宏建　姚旭龙　张亚宾　著

北　京
冶金工业出版社
2015

内 容 提 要

本书以金属矿山采矿工程中突出的岩石力学问题为研究对象，在阐述采矿工程岩石力学问题特点及数值模拟计算步骤的基础上，运用数值计算方法对露天矿山边坡工程、地下矿山采区溜井工程、地下矿山巷道开挖与支护工程、地下矿山滞留采空区工程、地下矿山充填采场相关工程的稳定性问题进行了全面系统的分析和研究，是作者近 10 年来在金属矿山工程问题数值模拟分析方面进行理论研究和实际应用的成果总结。

本书强调理论研究和工程实践的结合，可供从事金属矿山工作的技术人员和管理人员、科研人员以及高等院校矿业类专业师生参考使用。

图书在版编目（CIP）数据

金属矿山采动岩石力学问题数值模拟分析/卢宏建，姚旭龙，张亚宾著 . —北京：冶金工业出版社，2015.11

ISBN 978-7-5024-7080-7

Ⅰ.①金… Ⅱ.①卢… ②姚… ③张… Ⅲ.①金属矿—岩石力学—数值模拟—研究 Ⅳ.①TD31

中国版本图书馆 CIP 数据核字（2015）第 243963 号

出 版 人 谭学余
地 址 北京市东城区嵩祝院北巷 39 号 邮编 100009 电话 （010）64027926
网 址 www.cnmip.com.cn 电子信箱 yjcbs@cnmip.com.cn
责任编辑 张耀辉 美术编辑 彭子赫 版式设计 孙跃红
责任校对 郑 娟 责任印制 牛晓波
ISBN 978-7-5024-7080-7
冶金工业出版社出版发行；各地新华书店经销；固安华明印业有限公司印刷
2015 年 11 月第 1 版，2015 年 11 月第 1 次印刷
169mm×239mm；14 印张；275 千字；216 页
55.00 元
冶金工业出版社 投稿电话 （010）64027932 投稿信箱 tougao@cnmip.com.cn
冶金工业出版社营销中心 电话 （010）64044283 传真 （010）64027893
冶金书店 地址 北京市东四西大街 46 号（100010） 电话 （010）65289081（兼传真）
冶金工业出版社天猫旗舰店 yjgycbs.tmall.com
（本书如有印装质量问题，本社营销中心负责退换）

前　言

随着计算机技术的发展，多种数值模拟方法应运而生，并在采矿工程领域内得到越来越广泛的应用。目前，数值模拟计算方法已经成为采矿工程岩石力学问题分析、计算、预测预报工程稳定性和可靠性的重要手段。本书对金属矿山采矿工程中边坡、采场、巷道、采空区等具体岩石力学问题进行了数值模拟研究与分析，可为矿山安全生产提供科学的指导。本书主要研究内容如下：

（1）对数值计算与模拟方法研究现状、采矿工程岩石力学问题特点以及数值计算模拟步骤进行了论述。

（2）从边坡的稳定性分析方法、岩体力学参数确定、露天终了边坡稳定性分析、边坡加固方案优化等方面对露天边坡工程稳定性研究进行了模拟与分析。

（3）结合典型矿山采区溜井工程，采用数值分析方法对多分层联络巷连接下采区溜井开挖变形规律与控制、冲击载荷作用下采区溜井破坏机理与加固措施、典型溜井垮冒加固方案进行了系统的介绍。

（4）结合具体矿山实例，在对矿山工程概况与变形特征调查分析的基础上，提出了巷道分级支护方案，并采用数值模拟计算方法对不同分级方案进行了验证，研究思路和方法对矿山的安全生产具有重要的理论意义和实用价值。

（5）结合典型矿山滞留采空区工程，采用数值分析方法对滞留采空区工程稳定性评价、监测方案制定、充填治理顺序、充填治理效果进行了系统的介绍。

（6）结合典型充填矿山实例，从矿床开采方案优化、采场充填料配比、采场开采稳定性分析等方面对地下充填采场相关工程稳定性进行了模拟计算分析。

本书由华北理工大学卢宏建、姚旭龙和张亚宾结合其科研成果合作撰写，其中部分内容取自作者攻读博士学位期间参加的科研项目，得到了作者博士生导师北京科技大学高永涛教授与课题组吴顺川教授、王艳辉教授的指导和帮助；部分内容为河北省自然科学基金项目（编号：E2014209093）前期研究成果，在此对指导过本书的同志和给予项目支持的河北省自然科学基金委表示衷心感谢。

本书在资料整理、录入、排版过程中，得到了华北理工大学矿业工程学院梁鹏、李嘉惠、张松林同学的帮助，特别感谢他们的辛勤劳动。在本书的撰写过程中，参考了大量的国内外文献资料，在此也向文献资料的作者一并表示感谢。

限于作者的学识和水平，书中不妥之处，恳请同行专家和广大读者批评指正。

作 者
2015 年 7 月

目　录

1 绪 论

随着实测技术、非连续介质力学、大变形理论、物理模拟技术和计算机数值模拟的发展，使得人们可以从理论分析、现场实测、物理模拟和计算机数值模拟等不同方面来研究采矿工程中的岩石力学问题。然而，现场实测需要大量人力、物力，而且耗时较长，物理模拟的结果虽然比较直观，但受模型尺寸、信息提取和处理技术以及成本和时间的制约，难以分析多因素的影响规律，只能进行定性分析，而现有的力学理论只能解决规则形状开挖工程问题。数值计算分析不仅能模拟岩体的复杂力学和结构特性，也可很方便地分析各种边值问题和施工工艺过程对采矿工程围岩稳定性的影响，并对工程岩体稳定性进行预测和预报。随着矿山岩石力学理论以及数值计算技术的发展，数值计算方法已成为分析采矿工程岩石力学问题的有效方法。在现有理论成熟、计算模型合理以及力学参数正确的情况下，数值计算分析结果完全可以用于指导工程实践。

1.1 数值计算方法研究与应用现状

1.1.1 数值计算方法研究现状

随着计算机应用的发展，数值计算方法在采矿工程问题分析中迅速得到了广泛应用，大大推动了矿山岩石力学的发展。目前常用的数值方法有有限差分法、有限单元法、无网格法、拉格朗日法、离散单元法及非连续变形分析法等。

1.1.1.1 有限差分法和有限单元法

有限差分法是用差分网格离散求解域，用差分公式将工程问题的控制方程转化为差分方程，然后结合初始及边界条件求解线性代数方程组，得到工程问题的解。有限差分法最早是被用于工程科学，在岩土工程中先应用于渗流和固结问题的求解，后推广应用于弹性地基上梁和板，以及桩基的求解。

有限单元法是将一个表示结构或连续体的求解域离散为若干个子域（或单元），并通过它们边界上的节点（或结点）相互连接成组合体；然后用每个单元内所假设的近似函数来分片地表示全求解域内待求的未知场函数；最后通过和原问题数学模型等效的变分原理或加权余量法，建立求解基本未知量的代数方程组或常微分方程，求解此方程，从而得到问题的解答。有限单元法具有适用性强，处理非均质、非线性、复杂边界问题方便等优点，是目前工程分析中应用最广泛的数值方法。它能应用于土工渗流、固结、稳定和变形分析等各个领域，还可用于分析浅深基础、挡土墙、堤坝、基坑和隧道等各类岩土工程问题。此外，一些学者还把有限单元法应用于上部结构、基础和地基的共同作用分析。

有限差分法和有限单元法是处理连续介质的最常用分析方法，单元网格均要求结点相互联结，且单元边界保持位移协调，单元刚度组装成总体刚度，设置约束条件等。就目前发展和应用领域来看，有限单元法明显较有限差分法更好，有限差分法多应用于土坝渗流及浸润线的求解、地基固结等问题分析，而有限单元法可广泛应用于边坡工程、隧道工程、地基基础工程、地下工程、堤坝工程、基坑工程等分析。

1.1.1.2 无网格法、拉格朗日法、离散单元法和非连续变形分析法

无网格法是在分析域内安排节点，采用相应的近似函数对场函数进行插值，利用一系列节点的影响在节点领域上建立单位分解函数，再利用伽辽金加权余量法或类似方法建立控制方程组，从中求出节点位移。无网格法最早出现于 1977 年由 Lucy 和 Gingold 等提出的光滑粒子法。但其后发展比较缓慢，直到 20 世纪 90 年代，一些学者才逐步对这一方法进行了较多的研究。其种类繁多，根据插值近似函数的不同，可分为基于核函数近似、最小二乘近似和自然临近点近似等无网格法。

无网格法具有以下突出特点或优点：不需要单元网格的划分，从而避免了大量的网格划分工作；节点布置灵活，没有单元网格的限制，可以根据需要变更节点的数量、位置或分布，不增加前处理工作量；为得到离散的代数方程组，仅需要对节点和边界条件进行描述，避免了有限元方法中由于场函数的局部近似所引起的误差；场函数及其梯度在整个求解域内是连续的，无需寻求光滑梯度场的后处理。

拉格朗日法是源于流体力学中跟踪质团运动的一种方法，实际上是连续介质力学中对运动的物质描述方法，是一种求解连续介质非线性大变形的应力分析的数值方法。在岩土工程中材料非线性和几何非线性的问题极为普遍，如地下隧道或巷道的底鼓问题，只能求助于拉格朗日法。拉格朗日法依然遵循连续介质的假设，利用差分格式，按时步积分求解，随着构形的变化不断更新坐标，允许介质有大的变形，可用于进行有关边坡、基础、坝堤、隧道、地下采场、硐室等应力分析。

离散单元法常应用于应力水平不高的情况，块体的弹性变形可以不计而将其视为刚性块体；以受节理裂隙切割成离散的块体为出发点，块与块之间在角和面上的接触处有相互作用；根据岩块的几何形状及其邻接块体的关系，建立运动方程，采用以时步渐进迭代的动态松弛显式解法，求出每一时步块体位置和接触力，反复迭代直到平衡状态。离散单元法是 P. Cundall 于 1971 年提出的，于 20 世纪 80 年代中期引入我国。此方法特别适用于节理岩体的应力分析，在采矿、

隧道、边坡以及基础工程等方面均有应用。

离散单元法的改进形式很多，如刚性块体法、差异元法、刚性块弹簧法以及非连续分布分析法等，这些改进的形式都应用于岩土工程领域中，主要用于求解多刚体间的接触与碰撞问题。离散单元法的主要特点是块体与其邻接的块体没有连续性要求，即块体运动不需要变形协调，每个块体只是根据其受力的大小按牛顿定律运动，甚至可以脱离母体，因此它可以反映岩块之间滑移、分离、翻滚等大位移。在定性说明岩体的变形和破坏时，离散单元法非常有效，此外还能对破坏机理提供有益的见解。非连续变形分析法是一种用于分析非连续节理岩体的数值方法，是石根华和 Goodman 将离散单元法和有限单元法部分理论体系结合的一种数值方法。非连续变形分析法是用来分析块体系统的力和位移的相互作用的。对每个块体，允许有位移、变形和应变；对整个块体系统，允许滑动和块体界面间张开或闭合。如已知每个块体的几何形状、荷载及材料常数，以及块体接触的摩擦角、黏着力和阻尼特性，非连续变形分析方法即可计算应力、应变、滑动、块体接触力和块体位移。

非连续变形分析法遵循运动学的理论采用动力学方法的计算模式，同时考虑变形的不连续性，求解时按时步渐进计算，使其既可用于计算静力问题，也可用于计算动力问题，既可以计算小位移问题，也可以计算发生破坏时的大位移问题，因此在岩体工程中得到较多的关注和研究。其理论体系严密，总体上有变分原理控制，方程组求解以位移为未知量，属位移法，计算模式与有限单元法相同。非连续变形分析法的特点是：完全的一阶位移近似；严格的平衡要求；完全的运动学及其数值的可靠性；正确的能量守恒和高计算效率。

无网格法不同于其他数值方法的地方是，其不借助于网格而是基于离散结点动态构造近似插值函数，克服了有限单元法和有限差分法等方法中网格生成、网格畸变和网格移动引起的问题，前处理比较方便，这也是它最大的特点和优势，特别是在裂纹扩展、大变形和移动边界等问题处理上。拉格朗日法是针对材料非线性和几何非线性而出现的，对于非线性大变形问题有着独特的优势，是目前岩土工程中进行非线性大变形分析时采用较多的一种数值方法。

离散单元法与非连续变形分析法都是适用于非连续介质如节理岩体的应力分析的数值方法。它们之间的主要区别在于在求解运动方程时非连续分析要像有限单元法那样，基于能量原理形成一个整体矩阵，用隐式方法求解；而离散单元法则对于每个块体按牛顿运动定律列式，不用形成矩阵，按时步逐块松弛，用显式方法求解。

1.1.2　数值计算方法应用现状

有限元分析方法最早应用于航空航天领域，用来求解线性结构问题。这是最早研究并应用于工程实践的数值分析方法，实践证明这是一种非常有效的数值分析方法。有限元法的核心思想是结构的离散化，将实际结构假想离散为有限数目的规则单元系统，即将无限自由度的求解问题转化为有限自由度的问题，通过建立数学方程获得有限自由度的解，这样可以解决很多实际工程中理论分析无法解决的复杂问题。理论已经证明，只要将求解对象离散为足够小单元的系统，有限元法所得的解就可足够精确地逼近于真实值。经历了 40 多年的发展，数值模拟方法的基本理论已经日趋完善，复杂非线性问题各种算法得到很大发展，并在工程领域得到了广泛应用。

近年来随着工程设计、科学研究等要求的不断提高以及计算机计算能力的快速发展，数值力学分析已经成为解决复杂工程分析问题的常规手段，其主要作用表现在以下几个方面：

（1）研究工程问题内在的力学机理；

（2）增加工程和产品的可靠性；

（3）在工程和产品的设计阶段发现潜在的问题；

（4）经过分析计算，采用优化设计方案，降低工程和产品的成本；

（5）尽快确定工程问题的设计方案，加速产品开发；

（6）模拟物理试验方案，减少试验次数，从而减少试验经费。

经过几十年的发展，软件开发商为满足市场需求和适应计算机硬、软件技术的迅速发展，对软件的功能、性能、用户界面和前/后处理能力，都进行了大幅度的改进与扩充。这就使得目前市场上知名的数值分析软件，在功能、性能、易用性、可靠性以及对运行环境的适应性方面，基本上满足了用户的当前需求。

目前各种数值方法的分析软件很多，如国际著名的有限元分析软件有 ADINA、ANSYS、MSC、Midas/gts 等，这些软件功能大而全，但因不是专门为岩土工程问题开发，在解决岩土工程问题时反而不方便，有些甚至很难进行，如分析软岩巷道的大变形问题、采矿工程中顶板垮落等问题时往往很难算下去。而这些软件应用在机械制造、空气动力学等诸多领域，预计的精度非常高。将这些软件应用于岩土工程领域造成的困难，是由岩土工程的力学特性和非连续性所决定的。这促进了专门用于岩土工程问题数值分析软件的开发，如 FLAC、UDEC 软件都是目前国际上公认的优秀岩土力学数值计算软件。

国内也出现了许多商业化的岩土工程软件，如东北大学、同济大学、浙江大学、武汉岩土所等开发的岩土工程软件。

事实上，数值力学分析软件已经成为越来越多领域不能缺少的工具。目前数值力学分析软件的发展主要表现在以下几个方面：

（1）与 CAD 软件的无缝集成。在未来相当长的时期内，CAD 软件与数值力学分析软件还会有明显不同的分工，即设计和数据成图工作由 CAD 软件完成，分析则在数值分析软件中完成。数值分析软件的一个发展趋势是与通用 CAD 软件的集成使用，即在用 CAD 软件完成方案设计后，能直接将模型传送到数值分析软件中进行建模并进行分析计算，如果分析结果不满足设计要求则重新进行设计和分析，直到满意为止，从而极大地提高了设计水平和效率。

（2）强大可靠的自动建模能力。数值分析求解问题的基本过程主要包括建立分析模型、数值分析求解、计算结果的后处理三部分。对大多数数值分析软件来说，模型细化是建模的关键一步。模型离散后的网格质量直接控制求解时间、结果误差大小，同时软件网格剖分功能也关系到工作效率，因此多种不同网格的处理方法、强大可靠的六面体网格自动划分以及根据求解结果对模型进行自适应网格划分都是软件能力的重要方面。

（3）由求解线性问题发展到非线性。随着科学技术的发展，线性分析结果已经不能满足复杂设计的要求，许多工程问题所涉及的接触装配、材料破坏与失效、非线性断裂、裂纹扩展等仅靠线性理论根本不能解决，必须进行非线性分析求解。例如薄板成形就要求同时考虑结构的大位移、大应变（几何非线性）和塑性（材料非线性）；而对塑料、橡胶、陶瓷、混凝土及岩土等材料进行分析，或需考虑材料的塑性、蠕变效应时，则必须考虑材料非线性。当然大量的流体动力学分析、流场中移动壁面问题、流体/结构耦合分析是更高程度的非线性问题。众所周知，对于与时间相关的强非线性问题，传统的隐式时间积分有时无法满足求解的要求，这时就要求程序在结构和多场分析中都具备显式积分算法。

（4）由求解结构场发展到耦合场。数值模拟方法最早应用于航空航天领域，主要用来求解线性结构问题，目前数值模拟的发展方向是结构非线性、流体动力学和耦合场问题的求解。例如由于摩擦接触面产生的热问题，金属成形时由于塑性功而产生的热问题，需要结构场和温度场的有限元分析结果交叉迭代求解，即"热力耦合"问题；当流体在弯管中流动时，需要对结构场和流场的有限元分析结果交叉迭代求解，即"流固耦合"问题。由于数值分析方法的应用越来越深入，人们关注的问题越来越复杂，耦合场的求解必定成为数值分析方法和分析软件的发展方向。

（5）程序的开放性。无论数值力学分析软件如何发展，都不可能满足所有用户的要求。因为很多用户处于工程应用或科学研究的前沿，需要将自己的特性加入到软件中，完成特殊的分析任务。因此开发商必须给用户一个开放的环境，允许用户根据自己的实际情况对软件进行扩充，包括用户自定义单元特性、用户自定义材料本构（结构本构、热本构、流体本构）、用户自定义流场边界条件、用户自定义材料失效、结构断裂判据和裂纹扩展规律，等等。

以上几点，是数值力学分析软件近期的主要发展方向。另外为发挥硬件和软件资源的效能，还大量采用平行处理技术，向软件网络化方向发展。

1.2 采矿工程岩石力学问题特点及数值模拟方法

1.2.1 采矿工程岩石力学问题特点

采矿工程中突出的岩石力学问题主要包括：矿山地应力场测量技术；露天采矿边坡设计及稳定加固技术；井下开采中巷道和采场围岩稳定性问题；采矿设计优化，包括采矿方法选择、开采总体布置、采场结构、开采顺序、开挖步骤、地压控制、支护加固的优化等；软岩巷道和深部开采技术问题；岩爆、岩爆预报及预处理理论和技术；采空区处理及地面沉降问题；尾矿库稳定性问题。

1.2.1.1 露天边坡工程特点

采矿工程中的边坡有其自身的特点，不同于水利水电工程、公路工程等其他岩体边坡，只有深刻认识这些特点，才能准确地开展滑坡稳定性研究。其特点主要有如下几个方面：

（1）工程活动的多样性和影响因素的复杂性。边坡工程的复杂性除了表现在地质结构空间分布的随机性之外，还突出表现在：工程活动的多样性，体现在露天开采和地下开采的复合作用，很多露天矿上部边坡加陡、到界、闭坑、内部排土等，同时深部地下采动或露天转地下开采，使得边坡几乎全部处于采矿岩移扰动范围内；影响因素的耦合作用，体现在降雨诱发的水压变化和爆破震动引起的岩体损伤破坏。

（2）边坡工程的时效性。为了减少初期基建开拓工程量及其费用，缩短基建时间，使露天矿尽快投产，以便产生良好的技术经济效益，露天矿的边坡大多属于临时性边坡，服务年限长短不一，对其稳定性评价的要求亦不尽相同，只要能保证相应期间的生产与安全即可。露天矿边坡工程的时效性决定了其稳定性评价也具有时效性。

（3）边坡及岩体的可变形性。它不但可以允许边坡岩体产生一定的变形，甚至可以允许产生一定的破坏，只要这种变形及破坏不致影响露天矿的安全生产即可。这就要求在保证在矿山的服务年限内不至于发生大滑坡前提下，确定使露天采矿能取得最大技术经济效益的、最陡的边坡角。

（4）边坡稳定性认识的阶段性、循环性和动态稳定性。露天矿开采活动贯穿于矿山服务期限的始终，而且露天矿开挖本身就是一种最有效、最直接的工程揭露与勘察，随着露天矿开采，对矿山工程地质条件的认识可以不断地深化，具有阶段性及循环性。可见，边坡稳定是一个动态稳定的过程，为此应尽可能地调节不同阶段的工程地质勘察、评价工作的内容与目标，以便与露天矿的生产及露天矿边坡稳定性评价的不同阶段相适应。

1.2.1.2 地下矿山开采岩石力学问题特点

与一般岩土工程问题相比，地下矿山开采中，围岩的损伤、断裂和失稳是不可避免的。不像一般岩土工程那样，地下矿山开采中一定要防止这类现象的发生。目前的固体力学还只能对较为理想的弹性、塑性和损伤体进行可靠的变形与受力分析，而在采场顶板的变形、运动与受力分析中，更多的是材料或结构破坏后的力学行为，以及结构破坏和失稳的全过程。另外工作面周围不同区域的岩体，其力学性能变化的差别很大，采动岩体即是一种连续与非连续相复合的复杂介质。对一般的岩土工程问题，材料和结构破坏意味着报废，因而无任何研究价值；而采矿工程问题中，必须研究材料和结构破坏后的力学行为。采矿工程师们更加关心的问题基本上可以划分为以下两大类：

（1）采场围岩控制问题，即岩体结构是如何破断的，破断后的岩块是否趋于稳定状态，以及结构失稳后的形态变化。

采动应力场是指矿体采出后围岩内重新分布的应力场。它是岩体变形—破裂—运动之源。但由于原岩应力状态及开采后应力场难以测定，其有关的理论描述和现场测定均不成熟。受采动应力场影响，采动岩体会发生变形直至破裂，破裂后的块状围岩体将形成堆砌结构。堆砌结构的失稳即造成岩体运动，直至再形成稳定的块状堆砌结构。

（2）巷道围岩控制问题，即开挖后围岩移动、变形和破坏导致围岩应力场变化的规律，以及采动影响下巷道围岩控制机理及控制技术。

随着矿体的采出，在采场两侧和前后方围岩内均要形成采动应力集中。在深部开采时，如采场两侧巷道围岩受支承压力峰值影响，必将给巷道围岩控制造成严重困难。现场资料表明，有些巷道受一次采动影响即可全部毁坏，有时则使巷道围岩的变形呈流变状态，并且在一般的支护条件下难以克服。由于工作面周围巷道服务时间短，这类巷道虽变形较大，但只要在巷道服务期内能保证巷道的正常安全使用即可。

1.2.2　采矿工程岩石力学问题数值模拟方法

从数值模拟方法的发展历程和采矿工程问题的特点看，采矿工程数值模拟方法必须要反映采矿工程问题的特点，在数值模拟软件的取向上更偏重于能反映采矿工程问题特点的专业化软件。实际上，开采引起的围岩移动变形有其自身的规律和特殊性，因此要结合采矿工程问题的特点，对采矿工程数值力学分析方法的各个方面，包括数值计算方法、模型的合理范围、模型的边界条件等进行专门的研究。

1.2.2.1　矿山地应力场模拟技术

地应力是存在于地层中的天然应力，它是引起采矿、水利水电、土木建筑、铁道、公路和其他各种地下或露天岩土开挖工程变形和破坏的根本作用力，是实现采矿和岩土工程开挖设计和决策科学化的必要前提。因为对矿山设计来讲，只有掌握了具体工程区域的地应力条件，才能合理确定矿山总体布置，选取适当的采矿方法，确定巷道和采场的最佳断面形状、断面尺寸、开挖步骤、支护形式、支护结构参数、支护时间等，从而在保证围岩稳定性的前提下，最大限度地增加矿石产量，提高矿山经济效益，实现采矿工程的优化。

由于采矿工程的复杂性和形状多样性，利用理论解析的方法进行工程稳定性的分析和计算几乎是不可能的。随着计算机的应用和各种数值分析方法的不断发展，采矿工程正成为一门可以进行定量设计计算和分析的工程科学。

1.2.2.2 岩体力学参数反演技术

我国《国家工程岩体分级标准》主要依据两项指标来评价岩体的工程质量，即岩石的强度和岩体的完整性。各个国家的标准大体上都是这个思路，如国际著名的岩体工程质量分级标准——Barton 分类标准，给出了定量的评价体系，以此来评价工程岩体的质量。但这些分类标准都没有给出岩体力学参数的合理确定办法。实际上，数值模拟结果的准确性，很大程度上取决于岩体力学参数确定的可靠性。因此需要研究岩体力学参数的合理确定办法，特别是对峰后岩体和采动破碎岩体的力学特性进行研究。

1.2.2.3 采矿设计优化技术

矿床的形成过程、赋存状况和开采稳定性均受地应力场的控制，为此必须以地应力为切入点进行金属矿采矿设计优化，即：根据实测地应力和扎实的工程地质、水文地质及矿岩物理力学性质等基础资料，以及实际的矿体赋存和开采条件，通过定量计算和分析，选择合理的采矿方法，确定最佳的开采总体布置、采场结构参数、开采顺序、支护加固和地压控制措施，实现安全高效的开采目标。

优化路线如下：基础资料采集→初选方案确定→多方案定量计算分析→多目标优化决策→工程技术实施→现场监测和反分析→修改和完善方案。

该理论充分地考虑到采矿岩体的非线性特征及采矿的多段性开挖特点，成功地应用数值分析、人工智能等现代的计算和分析技术，为实现采矿设计从传统的经验类比向科学的定量计算转变提供了有效途径。

1.2.2.4 大型深凹露天矿边坡设计优化

国内外边坡稳定性分析和设计的传统方法是极限平衡法，这是一种静态的确定性分析方法，而实际的边坡状况是随开采过程不断变化的，是动态的、不确定性的。该方法是基于土力学理论提出来的，不考虑实际的岩体条件，如断层、节理的存在，同时也不考虑地应力。而实际上这些对边坡的稳定性和破坏起控制作用。因而该方法对山坡露天矿设计可能是适用的，但对深凹露天矿设计并不适用。采用现代科学技术，充分考虑地应力的作用和实际的工程岩体条件，通过定量的计算分析，可以实现边坡设计的优化。

具体的实施路线为：采用数值模拟和极限平衡分析相结合的方法，对不同边坡角和边坡设计方案进行定量的计算和分析，在保证安全的前提下，尽可能地提高边坡角，减少剥离量，尽可能地减少生产成本，增加矿石产量和矿山效益。其中，数值模拟应优先采用能考虑岩体非线性、不连续性（断层、节理）和大变形的方法和程序，如三维 FLAC 和三维离散元程序，最好两种方法同时采用。极限平衡分析也应尽可能采用三维程序，特别是对关键的边坡部位更应进行三维分析。多种方法的分析结果相互比较、相互补充、相互验证，就能使计算和分析结果更加准确和可靠。

1.2.2.5 深部开采动力灾害预测与防治

深部开采动力灾害，包括岩爆、矿震、冲击地压，是深部开采中可能遇到的突出问题。其预测与防治应从扎实的现场地应力测量、工程地质调查、岩石力学试验和现场监测资料的采集入手，以能量聚集和演化为主线，揭示岩爆发生的机理及其与采矿过程、地质构造和岩体特性的关系，对岩爆发生的时间、空间和强度进行定量预测；将预测和防治、地下和地面、生产安全和环境安全融为一体进行评价和研究。

1.2.2.6 深部开采巷道围岩控制及技术研究

随着采深的增大，高应力软岩巷道支护问题更加突出，需要进一步研究深部开采条件下的巷道围岩控制机理及控制技术。一般受采动强烈影响后，巷道围岩多呈现极不均匀的移动变形，需要结合数值模拟方法研究受采动影响巷道的围岩移动变形特征，并采取相应的围岩控制技术措施。

1.2.2.7 采矿工程问题的三维数值模拟

地下开采围岩的力学行为是一个涉及时间和空间的复杂问题，用传统的平面模型难以反映问题的实质，有时很难建模，如工作面推进过程中开采对工作面周围巷道围岩稳定性的影响问题，因此需要建立立体模型来反映采矿过程中的力学问题。由于三维数值模拟比较费时、费力，因而比较好的处理办法是将三维数值模拟和平面问题结合起来进行研究。

1.3 采矿工程岩石力学问题数值模拟步骤

采矿工程的数值模拟涉及特殊的考虑和设计的基本原理。这些原理不同于人造材料的设计原理，必须用相当少的现场特定数据，进行岩石内或岩石上结构和开挖的分析与设计。岩石的变形和强度特性可能变化很大，完全获得岩土的现场数据是不可能的，例如有关应力、岩性和不连续性的信息最多只能是部分了解。

采矿工程领域总是缺乏好的数据，如果有充足的数据，并掌握材料的力学特性，数值模拟结果可以直接用于设计。当提供的数据适当时，数值模拟分析的结果是精确的。各种实际问题的数值模拟情况如表 1-1 所示。

表 1-1   数值模拟情况

典型情况	复杂地质 没有经费预算 无法得到数据	⟸⟹	简单地质 有经费进行 现场调研
数 据	无	⟸⟹	通过参数分析
方 法	研究机理 囊括现场各种力学行为	⟸⟹	预计 直接用于设计

　　数值模拟可以用在完全可预测状态下，表 1-1 中右侧部分也可以用作数值试验验证某种观点，如表 1-1 中左侧部分。决定使用类型的是现场情况和预算而不是数值模拟程序。如果能得到充足的高质量数据，数值模拟可以给出好的预计结果。

　　实际上数值模拟大多应用于可得到少量数据的情况。数值模型不是一个黑盒子，即在一端接收数据而在另一端产生力学行为的预测结果。数值"样本"必须仔细准备，计算多个方案来揭示问题的内在规律。数值模拟步骤如表 1-2 所示。

表 1-2   数值模拟步骤

步　　骤	内　　容
1	确定模型分析目的
2	创建模拟模型图
3	建立和运行简单的理想化模型
4	收集具体问题的数据
5	建立一系列详细的模型
6	完成模型计算
7	提取结果揭示规律

1.3.1   确定模型分析目的

　　模型的详细程度依赖于分析的目的。例如，如果目的是在解释系统力学行为的两个相互冲突的机理之间作出决定，就可以建立一个大尺寸的模型。实际采矿工程问题涉及各种复杂的影响因素，假如它们对模型的反应影响很小，或者与模拟的目的无关，可以忽略，若有影响再细化。

1.3.2   创建模拟模型图

　　在给定的条件下，具体问题的模拟模型图很重要，应从多角度考虑。例如，模型主导的力学反应是线性还是非线性；是否有意义明确的非线性体影响系统的力学行为，或者材料的力学行为基本上可以作为连续体；有无来自地下水相互作用的影响；是否被物理结构限定，或者它的边界是否延伸到无限；在物理结构中是否存在几何对称性。

这些考虑将确定数值模型大体上的特征，例如用于分析的网格设计、材料类型、边界条件和初始平衡状态。它们将决定是否需要三维模型，或者利用物理系统的几何条件采用二维模型。

1.3.3　建立和运行简单的理想化模型

在建立详细的模型前，首先建立和运行简单的理想化模型更为有效。在一个问题计算的早期创建简单模型，产生一些初步的结果，这些结果有助于深入洞察模型的准确性。在作出重要的努力前，简单模型可以揭示问题的不足，以便改进分析。例如，选择的材料模型能否充分代表所期望的力学行为，边界条件是否影响模型的反应。简单模型的分析结果有助于确定对分析有重要影响的参数，并指导参数的搜集。

1.3.4　收集具体问题的数据

模型分析所需要的数据类型包括：
（1）几何特征，如地下巷道断面、采场尺寸等；
（2）地质构造位置，如断层、层面、节理系；
（3）材料特性，岩体参数、本构模型；
（4）初始条件，如现场应力状态、孔隙压力、饱和度；
（5）外部载荷，如爆破载荷、压力溶洞。

通常存在大量与特定条件有关的不确定因素，特别是应力状态、变形和强度特性。研究时必须选择合理的参数范围。大量的模拟结果表明，简单模型的运行结果有助于确定参数范围，并为获取需要的数据进行实验室和现场试验提供指导。

1.3.5　建立一系列详细的模型

通常数值分析将涉及一系列的计算机模拟，包括所研究的不同机理和涵盖已建立数据库的参数范围。建立数值模型时，应该考虑以下几个方面：

（1）完成一个模型计算需要多少时间，如果模型运行的时间过长，可能很难获得足够的信息从而得出有用的结论。所以应该在多台计算机上运行，考虑参数变化的影响，以缩短总的计算时间。

（2）应该保存模型运行的中间状态，以便改变某个参数时不必重复整个运行过程。如分析包含几次加载/卸载，用户应能返回任何阶段，改变某个参数并从那个阶段继续分析。应考虑保存文件所需的磁盘空间大小。

（3）为了清晰解释模拟结果，并同物理数据进行比较，要在模型中设置足够的监测位置。模型中设置几个监测点是有帮助的，可在计算过程中记录该点监测参数的变化，如位移、速度和应力。应该一直监测模型中的最大不平衡力，以便检核每个分析阶段的平衡和塑性流变状态。

1.3.6　完成模型计算

进行一系列的运算前，最好是先运算一到两个详细的模型。运行过程中应不时停下，并进行监测，以确保响应是预期的。一旦确信模型正确运行，几个模型的数据文件可以连在一起按顺序进行计算。在顺序运行的任何时候，都可以中断计算，查看结果，然后继续运行或者适当修改模型。

1.3.7　提出结果揭示规律

完成模型计算后应提出结果以便清晰地解释所分析的问题。最好以图形方式显示结果，它可以直接显示在计算机屏幕上，也可以通过绘图设备输出。图形结果应以某种格式显示，以便直接与现场测试结果进行比较。图形中应清晰地显示分析问题感兴趣的区域，如应力集中的位置或者模型中稳态与失稳的区域。为了对分析问题进行更详细的解释，应该能很容易地获得模型中任何变量的数值。

2 露天矿山边坡工程稳定性研究

露天矿山边坡又称露天矿边帮，指露天矿场四周的倾斜表面，即由许多已经结束采掘工作的台阶所组成的总斜坡，是露天矿场的构成要素之一。它与水平面的夹角，称边坡角或最终边坡角。按边坡与矿体的空间相对位置，可将边坡分为上盘边坡、下盘边坡和端部边坡。边坡与地表的交线称露天采场的地表境界线，边坡与底平面的交线则称底部境界线。

2.1 边坡稳定性分析方法

边坡稳定性分析主要是分析影响边坡稳定性的主要因素、失稳的力学机制、变形破坏的可能方式及工程的综合功能等，对边坡的成因及演化历史进行分析，以此评价边坡稳定状况及其可能发展趋势。该方法的优点是综合考虑影响边坡稳定性的因素，快速地对边坡的稳定性做出评价和预测。常用的边坡稳定性分析方法有：工程地质类比法、极限平衡法、极限分析法、数值模拟法、模型试验法、可靠度法、人工智能法、反分析法等。

2.1.1 工程地质类比法

工程地质类比法（即工程地质法）是把已有的天然边坡或人工边坡的研究或设计经验应用到条件相似的新边坡的研究及人工边坡的设计中，核心内容是对边坡进行工程地质定性评价。随着工作的深入，人们逐渐进入理论分析阶段。工程地质分析法的理论基础是地质成因演化理论及 20 世纪 60 年代末、70 年代初被明确提出的岩体结构的概念，在这之后，大量基于该理论的研究不断进行，80年代是该理论发展的高潮期，相关专著不断出版。基于岩体结构理论的工程地质分析法在边坡稳定性评价中占有重要的地位，特别是对地质条件复杂的岩质高边坡，工程地质分析法更具有其独特的价值。

岩体结构力学的发展促进了工程地质分析法的发展，由于多数边坡是由岩体结构面控制，在岩体结构理论的指导下，人们开始研究边坡的破坏模式，为定量研究边坡稳定性奠定了基础。孙玉科总结了我国岩质边坡变形破坏的主要地质模式，提出了边坡变形常见的五大模式，即金川模式（反倾角边坡）、盐池河模式（水平层状上硬下软）、葛洲坝模式（水平薄层状软硬相间）、白灰厂模式（水平厚层状软硬相间）以及塘岩光模式（顺倾角薄层状结构），这些基于岩体结构理论的成果的提出，为准确确定边坡工程地质模式，进行定量计算做出了巨大贡献。金德濂在总结工程实践的基础上提出了适合水利水电工程（主要是中、小型工程）的边坡工程地质分类，将未变形边坡分为岩质边坡和土质边坡，分别按其结构和岩性进行边坡分类，对变形边坡则按其变形特征进行边坡分类；对各类边坡概述了其主要特征、影响稳定的主要因素、与水利水电工程关系、处理原则与方法和勘察应注意事项等。赵其华、王兰生、沈军辉提出了边坡地质工程学的基本概念、主要研究内容、研究思路和研究方法。姜德义、王国栋提出了适合高速公路工程的边坡工程地质分类，并将未变形边坡分为岩质边坡、土质边坡和土石边坡，对岩质边坡按边坡体的岩性和结构进行了细致分类，而对变形边坡则按其变形特征进行简要分类。祁生文、伍法权、刘春玲等归纳了地震作用下边坡稳定性的影响因素，把边坡分为两大类、七亚类，分析了边坡在动力作用下的可能破坏形式，对地震边坡的失稳机制进行了探讨，认为地震边坡的失稳是由于地震惯性力的作用以及地震产生的超静孔隙水压力迅速增大和累积作用这两个方面原因造成的。冯君将顺层岩质边坡分为五种类型，即硬质岩顺层边坡、硬质岩夹软岩顺层边坡、中等坚硬岩顺层边坡、软硬质岩互层顺层边坡、软岩顺层边坡，并对其变形破坏机理进行了总结。

2.1.2　极限平衡法

极限平衡法是边坡稳定性分析的重要方法之一，也是目前工程设计部门在进行简单的边坡稳定性分析中最常用的方法。最早是 1915 年瑞典人 K. Petterson 提出的瑞典条分法；1927 年 Fellennius 等人在此基础上提出了普通条分法；1955 年 Bishop 提出了修正的条分法；1957 年 Janbu 提出了更精细的条分法，适应于任意形状的滑动面，并在 1968 年和 1973 年进行了改进；1960 年 J. Lowe 和 L. Karafiath 与美国军方工程师联合会提出了力平衡条分法；Morgenstern 和 Priee 提出了既满足力平衡条件又满足力矩平衡条件的新方法，它容许条块间力的方向发生变化；1967 年 Spencer 提出了简化的条分法，它预先假定了条块间力的作用方向；1974 年 Hoek 提出了进行边坡楔形体分析的方法，它假定各滑动面均为平面，以各滑动面总抗滑力与楔体总下滑力来确定安全系数；1977 年 Revina 和 Castillo 提出了剩余推力法；1979 年 Sarma 提出了非垂直条分法，他认为除平面和圆弧面外，滑动体必须先破裂成相互滑动的块体后才能滑动；1983 年，陈祖煜和 Morgenstern 对 Morgenstern-Price 法作了重要改进，完整地导出了静力平衡微分方程的解，提出求解安全系数的解析方法，从根本上解决了数值分析的收敛问题，进一步推动了极限平衡法的发展；潘家铮提出了最大值和最小值原理，对极限平衡法的理论基础作出了解释；孙君实在总结前人研究成果的基础上，证明了给定滑动面安全系数的极大值定理，建立了模糊约束条件，并与传统的安全系数、最小安全系数的概念相对应，提出了安全系数的模糊解集和最小模糊解集的概念，把条分法的数学模型归结为在边界条件和模糊约束条件下，寻求基本方程组隐式描述的泛函的最小模糊解集的问题；陈祖煜使用虚功原理和塑性力学的上、下限定理对最大值和最小值原理进行了理论上的证明；郭汉荣在极限平衡公式中引入一个几何参数 R，将单位走向边坡长度块段分析改为扇形块段分析，用于锥形边坡分析中；陈祖煜、弥宏亮、汪小刚将二维 Spencer 法在三维条件下扩展，保证了滑坡体三个方向的静力平衡，同时，还增加了一个整体力矩平衡条件，行界面的条间力不再假定为水平，条底的剪力方向也不假定为平行于主滑面。张均锋、丁桦将二维 Janbu 条分法进行拓展，给出了一种三维极限平衡边坡稳定性分析方法。但极限平衡法没有考虑材料的应力-应变关系，所得安全系数只是假定滑裂面上的平均安全度，求得的条间力和滑条底部反力也不是边坡滑移变形时真实存在的。

在极限平衡法的基础上，不断有人对其进行完善和修正，主要考虑两个方面的问题，即滑动面和安全系数，提出了一般滑动面形状、局部安全系数和变动安全系数等。如：Leshinsky、K. S. Li、A. K. Clough、Milutin、Z- Yu Chen 和 C- M Shao、Meiketsu、Espinazo、R. Baker、Boutrup & Lovell、Celestino & Duncan、Cherubini & V. R. Greco、T. Yamagami、Z- Yu Chen、R. Greeov、王雪峰等对此也做出了较大的贡献。

2.1.3　极限分析法

极限分析法是 Drucker 和 Prager 于 1952 年提出的，它通过构造协调的速度场或应力场来求解上限或下限极限荷载，理论严谨。由于下限解理论遵循协调的应力场，求解相当困难，且极限分析法很难考虑复杂荷载及环境条件的变化，因此该方法在工程中应用较少。

2.1.4　数值模拟法

由于极限平衡法自身固有的局限性，在对边坡进行稳定分析时，需对滑坡边界条件大大地进行简化，计算中所选用的各种计算参数往往是确定的且呈线性变化，对于由复杂介质和边界组成的滑坡体，如果进行这样的简化处理，将不能客观地反映工程实际的真实性，使计算结果有很大的误差。实际上，不仅滑坡的各种计算参数是不确定且随机的，而且边坡系统本身就是一个不平衡、不稳定、充满复杂性的动态系统，其与外界环境有着不断的物质、能量和信息交换。数值模拟法将岩土体看成变形体，可以有效地模拟材料的应力和应变关系，还可以处理复杂的边界条件以及材料的非均匀性和各向异性，可以有效地模拟边坡内的应力分布、塑性区的范围和位移场分布等。数值模拟技术为定量评价边坡稳定性问题创造了条件。

随着计算机的普及和发展，出现了一批以弹性力学、结构力学为基础的数值计算方法，如有限元法（FEM）、边界元法（BEM）、有限差分法（FDM）、离散元法（DEM）、流形元法（NMM）以及不连续变形分析方法（DDA）等。随着数值分析方法的发展，出现了不同数值方法的相互耦合，如 FEM/BEM、DEM/FEM、DEM/BEM、FDM/DEM 等，以及非确定性的数值方法，如随机有限元法、模糊有限元、概率数值分析等。

2.1.5　模型试验法

模型试验法，按试验方法可分为块体结构模型试验、底面摩擦试验和离心模型试验。这类试验最大优点是，可以比较直观定性地显现边坡稳定条件和变形破坏发展过程。但由于模型材料的各种力学参数很难严格地满足相似条件，同时岩体结构及其力学参数具有随机性、模糊性，故该类试验难以定量化分析。

2.1.6　可靠度法

可靠度理论最早应用在航空、电子等领域，后来逐渐应用到机械、土木、水利等部门。20 世纪 70 年代后期，可靠度理论开始在边坡工程中得到应用，马鞍山矿山研究院最早在我国矿山边坡研究中引入了可靠度法（破坏概率分析法）。该方法考虑了边坡中各要素的随机性特征，认为斜坡分析中强度参数以及安全系数都是符合某种概率分布的函数，并引入了安全限的概念，将安全限的概念同最大信息熵原理结合起来，用于计算坡体中的每一个滑块的破坏概率，继之计算整个边坡的破坏概率，使边坡研究从确定性模型迈向概率模型。1993 年，我国学者祝玉学的《边坡可靠性分析》一书的出版，标志着我国对于边坡可靠性理论方面的研究进入了一个崭新的阶段。边坡可靠性的研究包括三个方面：岩土参数的可靠性分析、可靠性模型的研究和可靠度的指标选择。边坡可靠性分析所常用的方法包括：蒙特卡罗模拟法、一次二阶矩法、统计矩法和随机有限元法。

2.1.7　人工智能法

智能岩土力学是为突破"数据有限"和"变形破坏机理理解不清"的"瓶颈"而提出的一个新的交叉学科分支，在岩土力学专家系统、非线性动力学模型、参数反演、本构模型识别、开挖过程全局优化、集成智能分析等研究方面已取得重要进展。多场耦合智能模型、多尺度模型、精细仿真、Internet 模型、遥控试验系统、综合集成系统等研究是下一步的发展方向。目前的主要进展包括：建立了适用于边坡破坏模式识别与安全性估计、采场稳定性估计的专家系统、基于范例推理（case-based reasoning）的边坡稳定性评价方法、人工神经网络（artificial neural networks）稳定性预测方法。基于 Internet 的方法也是未来将要发展的一种方法。这里要研究的是全球范围内 Internet 分布式信息获取、动态及时处理方法，基于 Internet 分布式计算模型等。其目的是建立全球范围科学家进行有效合作研究的 Interne 模型和遥控实验系统，开发虚拟实验设备，以使得异地科研人员能像本实验室人员一样，可以实时地观察整个实验过程并得到结果。

2.1.8 反分析法

针对岩土工程力学行为以及它的变形和破坏机理的不确定性，许多专家开始探讨非确定性反分析技术。20 世纪 90 年代以后，岩土体模型识别、岩土体本身随机性的非确定性反分析得到了迅速发展，系统论、信息论等也被应用到位移反分析研究中，同时考虑施工工程仿真反分析及动态施工反分析技术，随着科学技术的发展，新的理论和技术被应用到反分析中来。智能技术如神经网络、遗传算法等优化方法在岩土工程中迅速发展。刘维宁在 1993 年将信息论引入到位移反分析中，建立了岩土工程逆问题的信息论基本框架。袁勇等以系统辨识理论和连续介质力学原理为根据研究了岩体本构模型的反演识别理论。黄宏伟将系统论引入反分析，基于数理统计的贝叶斯原理，提出了广义参数反分析。李宁首次提出了考虑施工过程、施工方法影响的仿真反分析的思路，并将其应用于漫湾水电站边坡以及华盛顿铁路的位移反分析中。1999 年冯夏庭等利用数值模拟与神经网络相结合的方法进行了位移反分析，利用网络模拟有限元的计算过程，提高了反分析的计算效率，并提出了位移反分析的进化神经网络反分析方法，利用神经网络的非线性映射、推理、预测功能，同时利用遗传算法全局优化特性，为实现本构模型与参数的辨识提供了一种方法；为了对已有的先验信息加以考虑，其在反演的过程中引入进化算法，利用进化算法良好的全局搜索能力和极强的非线性适应能力，可以克服传统优化算法中结果依赖参数初值、易陷入局部最优等问题。2002 年高玮采用生态竞争等智能方法对岩体本构模型进行辨识，为位移反分析方法的发展提供了一个新的思路。而近期对非确定性反分析的研究代表着反分析方法在未来的一个发展方向。

20 世纪 80 年代后，由于学科之间的相互渗透，出现了许多与现代科学有关的理论方法，如系统方法、模糊数学、灰色理论、信息论方法、非线性科学（耗散结构论、协同论、突变理论）、混沌动力学、分形理论、超循环论、神经网络、遗传算法等应用到边坡工程研究中，显示了良好的应用前景，在边坡稳定性的非线性动力学理论模型、滑坡系统的自组织特性、边坡变形的分形特征、边坡失稳的分岔与突变模型、边坡稳定判别的灰色系统理论等方面取得了若干成果。这些新理论和新方法大大推动了边坡研究的进展，但由于它们仍处于探索阶段，仍然存在很多不足，如：滑坡系统参数的选择往往受到实际监测资料的限制，资料自身的误差影响滑坡过程中的非线性方程的建立；对于滑坡的自组织特征，由于边坡系统内部和外部之间的相互作用和耦合机制不清楚，难以建立模型来分析和研究，只能通过系统的宏观参数（如熵、分维数、Lyapunov 指数等）的数值分析来研究系统的复杂性；对于分形理论，尺度的选择对无标度或规律性会有一定的影响，而且滑坡系统也并非简单的分维。

这些新理论和新方法的出现反映出目前岩土工程研究者正由传统的正向思维，即牛顿时代的思维模式向不确定方向，即系统思维、反馈思维、全方位思维（包括逆向思维、非逻辑思维、发散思维甚至直觉思维）发展。各种新技术、新方法、新理论的引入及其与上述评价方法的耦合仍是目前发展的主趋势。

2.2　工程概况

某铁矿采场的东北帮，坡顶长度约 750m，坡脚（1230m 水平）长度约 100m，地形最高为 1650m，最低 1460m，垂直高差为 190m，边坡呈弧形，平均倾向 250°，总体坡度约为 43°～39°，由西向东坡度逐步变缓。边坡设计终了深度为 1230m，边坡最终平均高度 397m，设计总体边坡角为 43°。

边坡由北向南呈弧形展布，坡形产状变化较大，同时深部边坡岩性与上部边坡岩性也有较大区别，按照岩性及边坡产状将边坡划分为三个亚区：

Ⅰ亚区位于边帮北部，边坡产状 223°∠40°，岩性以白云岩和铁矿石为主，1488～1606m 有部分云母岩，岩体结构为层状结构和碎裂结构。

Ⅱ亚区位于边帮中部，边坡产状 236°∠40°，1340m 以上主要为云母板岩，层状结构，较完整；1340m 以下为白云岩和铁矿石，层状结构和块状结构。

Ⅲ亚区位于边帮南部，边坡产状 256°∠42°，主要为云母板岩，层状结构，较完整；1260m 以下为白云岩和铁矿石，层状结构和块状结构；1488m 以上有部分长石板岩。

主要控制性断层为 F107 大断层和 F111 大断层，对边坡稳定的影响很大（见图 2-1 和图 2-2）。

图 2-1　1570m 以上出露的 F107 断层破　　　图 2-2　1474m 段 F111 断层破碎带
　　　　　碎带及影响带　　　　　　　　　　　　　　　及影响带

2.3 边坡岩体力学参数研究

矿山工程具有较强的实践性，研究结果的可靠性在很大程度上依赖于对工程岩体的物理力学性质的认识程度，特别是用数值模拟方法进行岩石边坡工程分析时，其重要性更加突出。但由室内实验或现场实验确定的岩体力学参数都与实际岩体有较大偏差，加之岩体本身非均质性和赋存环境的复杂性，使得实验结果缺乏足够的代表性。用这样的参数作为计算输入参数进行数值分析，所得结果往往与实际情况有一定出入，难以在工程实践中采用。此外，边坡岩体的力学特性参数及赋存环境总是处在动态的演化过程之中，对于这种动态参数，采用实测的方法通常是无法办到的，即使可以也是非常不经济的。目前多采用以现场观测资料，结合反演理论，进行反演分析，来解决这一问题。本工程实例结合现场实际情况采用人工神经网络的方法来研究岩体的物理力学参数。鉴于研究模型复杂，为减少计算工作量，采用正交试验法安排力学参数的试算初始值。用 Midas/gts 有限元程序计算出相应的神经网络分析样本，并运用 BP 神经网络进行训练，最终利用已出现滑体的数据对边坡岩体的力学参数进行神经网络的反分析，得出了较为准确的力学参数。

2.3.1 正交试验设计

正交试验设计是一种研究多因素试验的设计方法。在多因素试验中，随着试验因素和水平数的增加，处理组合数将急剧增加，因此要全面实施庞大的试验是相当困难的。D. J. Finney 倡议采用部分试验法，而后日本学者倡导利用正交方式设计部分试验，称为正交试验。

正交设计原理是依据正交性原则挑选实验范围内的代表点。若实验有 m 个因素，每个因素有 n 个水平，则全面实验点个数为 n^m 个，而正交设计点个数仅有 n^2 个。依据正交性原则来安排实验方案可大大减少实验次数，并且具有均匀分散性和整齐可比性。

本实例研究范围内边坡岩性主要为白云岩和铁矿石。对边坡稳定分析产生主要影响的是白云岩和断层的物理力学参数，其中又以弹性模量、黏聚力、摩擦角最为主要。根据已获得的地质资料和岩石物理力学实验结果，确定待反演的岩体力学参数的上、下限范围。将参加反演的参数按照其可能的变化范围，均匀划分为五个水平，如表 2-1 所示。模拟计算方案采用六因素五水平的正交表确定，共有 25 组数值模拟方案，如表 2-2 所示。

表 2-1　边坡岩体力学参数的取值水平

水平	白云岩参数			断层参数		
	E_1/GPa	C_1/MPa	φ_1/(°)	E_2/MPa	C_2/MPa	φ_2/(°)
1	24	0.3	36	50	0.006	18
2	30	0.4	38	100	0.01	21
3	36	0.5	40	150	0.04	24
4	42	0.6	42	200	0.07	27
5	48	0.7	44	250	0.1	30

表 2-2　正交试验数值模拟方案

水平	白云岩参数			断层参数		
	E_1/GPa	C_1/MPa	φ_1/(°)	E_2/MPa	C_2/MPa	φ_2/(°)
1	24	0.3	36	50	0.006	18
2	24	0.4	38	100	0.01	21
3	24	0.5	40	150	0.04	24
4	24	0.6	42	200	0.07	27
5	24	0.7	44	250	0.10	30
6	30	0.3	38	150	0.04	30
7	30	0.4	40	200	0.07	18
8	30	0.5	42	250	0.10	21
9	30	0.6	44	50	0.006	24
10	30	0.7	36	100	0.01	27
11	36	0.3	40	250	0.10	27
12	36	0.4	42	50	0.006	30
13	36	0.5	44	100	0.01	18
14	36	0.6	36	150	0.04	21
15	36	0.7	38	200	0.07	24
16	42	0.3	42	100	0.01	24
17	42	0.4	44	150	0.04	27
18	42	0.5	36	200	0.07	30
19	42	0.6	38	250	0.10	18
20	42	0.7	40	50	0.006	21
21	48	0.3	44	200	0.07	21
22	48	0.4	36	250	0.10	24
23	48	0.5	38	50	0.006	27
24	48	0.6	40	100	0.01	30
25	48	0.7	42	150	0.04	18

2.3.2 有限元数值分析

2.3.2.1 程序选择

选用 Midas/gts 有限元数值模拟软件来构建神经网络训练样本。鉴于边坡三维模型复杂、单元繁多（约200000个单元）、计算周期长，选取露天边坡典型断面进行二维建模，并以此获取训练样本所需的滑动面中心坐标、滑动半径、安全系数等数据。

2.3.2.2 分析模型与计算结果

综合考虑现场实际情况后选取典型剖面建立模型，如图2-3所示。

在 Midas/gts 软件中依次输入正交试验数值模拟方案表中的岩体力学参数，并记录每一次计算的结果数据，包括：滑动面中心坐标、滑动半径、安全系数等（方案1计算结果见图2-4，全部方案计算结果见附录1），从而得出神经网络的训练样本列表，如表2-3所示。

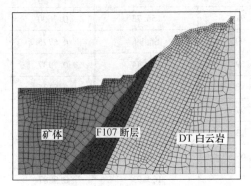

图 2-3 二维模型

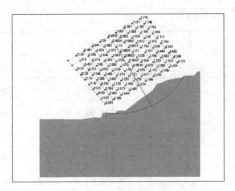

图 2-4 方案 1 计算结果

表 2-3 正交试验方案与数值计算结果

方案	数值计算结果			
	中心坐标		滑面半径	安全系数
	X/m	Z/m	R/m	k
1	139.07	265.63	135.89	0.94
2	161.56	235.80	98.56	1.017
3	139.07	265.63	135.89	0.9491
4	152.96	304.31	159.90	0.9519
5	154.06	245.75	111.00	0.8856
6	152.96	304.31	159.90	0.9585
7	139.07	265.63	135.89	0.7588

续表 2-3

方　案	数值计算结果			
	中心坐标		滑面半径	安全系数
	X/m	Z/m	R/m	k
8	212.39	254.03	81.33	0.7355
9	161.56	235.80	98.56	0.9144
10	145.57	255.69	112.47	1.003
11	146.01	284.97	144.29	1.002
12	145.57	255.69	112.47	1.000
13	146.01	284.97	144.29	1.004
14	139.07	265.63	135.89	0.9281
15	124.07	285.52	164.43	0.9715
16	161.56	235.80	98.56	0.8633
17	138.52	294.91	156.73	0.7600
18	219.89	244.09	66.89	0.6775
19	146.57	255.69	123.44	0.7937
20	161.56	235.80	98.56	0.8135
21	146.01	284.97	147.89	0.7196
22	109.63	276.13	146.32	0.8742
23	146.57	255.69	138.03	0.7062
24	138.52	294.91	163.93	0.9887
25	161.56	235.80	98.56	1.009

2.3.3　RBF 神经网络反分析

本实例是基于 MATLAB7.0 编程及其神经网络工具箱完成参数的反演分析，程序代码见附录2。

2.3.3.1　RBF 神经网络的特点

神经网络最大的功能就是对复杂非线性函数的有效逼近，在边坡稳定性分析方面应用很多。BP（back propagation）神经网络，对于每个输入输出数据而言，网络的每一个权值均需要调整，从而导致逼近速度很慢；同时由于权值的调整是用梯度下降法，存在局部极小和收敛速度慢等缺陷。

RBF（radial basis function）神经网络采用的是局部逼近，对于输入输出数据，只有少量的权值需要调整。因此 RBF 神经网络在逼近能力、分类能力和学习速度等方面均优于 BP 网络。

2.3.3.2 RBF 神经网络的训练

RBF 网络的输入层节点数为 4，输入向量为 $\{X, Z, R, k\}$，分别代表滑坡圆心的横坐标、纵坐标、滑坡半径和边坡最小安全系数。输出层节点数为 6，输出向量为 $\{E_1, C_1, \varphi_1, E_2, C_2, \varphi_2\}$，分别代表白云岩和断层的力学参数。设置训练误差为 10^{-6}，散布常数为 1，采用表 2-3 中的 25 组数值计算结果数据作为训练样本。

在分析各影响因素时，由于各指标类型不同且具有不同的量纲，故指标间具有不可共度性，难以进行直接比较。因此，训练前对训练模式采用归一化处理：

$$\overline{x_i} = \frac{x_i - x_{\min}}{x_{\max} - x_{\min}} \tag{2-1}$$

式中，x_i 为输入或输出数据；$x_{\min}$ 为数据变化的最小值；$x_{\max}$ 为数据变化的最大值；$\overline{x_i}$ 为归一化后的输入或输出数据。

将归一化后的训练样本代入到神经网络中，经过 1000 次训练后，隐含层神经元为 18 的 RBP 网络对映射的关系逼近效果最好，因此将隐含层的神经元数目设定为 18。将此结果代入到 RBP 神经网络中进行训练，经过 301 次训练后，最终误差达到 10^{-6}，能满足精度要求，训练结束。

将网络训练的样本 p 代入到训练好的 RBP 网络中，经过训练后和输出样本 t 进行比较，如图 2-5 所示，它们之间的误差如图 2-6 所示。可以看出只有极个别的试验点误差超过了 0.01，95% 的试验点的误差均在 0.005 以内。显示的结果表明，网络对 p 和 t 之间的映射关系拟合满足精度要求。

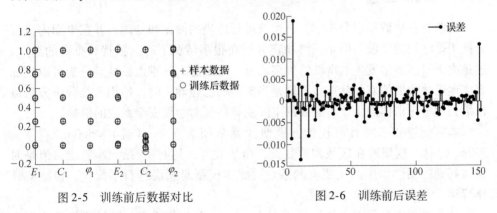

图 2-5　训练前后数据对比　　　　　图 2-6　训练前后误差

2.3.3.3 反演力学参数

现场实测得到 2 号滑体的圆心坐标为（178，224），滑体半径为 129.45，安全系数为 1。将上述数据归一化后，代入训练好的 RBF 神经网络进行预测，得到反演的边坡岩体力学参数值如表2-4所示。

表2-4　参数反演结果

白云岩参数			断层参数		
E_1/GPa	C_1/MPa	$\varphi_1/(°)$	E_2/MPa	C_2/MPa	$\varphi_2/(°)$
36	0.4	42	150	0.01	30

将反演参数代入 Midas/gts 程序中计算，得到滑体的相关参数。表2-5 为由反演参数计算滑体参数和实际滑体参数的比较。

表2-5　由反演参数计算滑体参数和实际滑体参数的比较

滑体参数	中心坐标		滑面半径	安全系数
	X/m	Z/m	R/m	k
反演参数计算值	175.29	228.48	126.36	0.96
实际值	178.00	224.00	129.45	1.00
绝对误差	2.71	4.48	3.09	0.04
相对误差/%	1.52	2.00	2.39	4.00

由表2-5 可以看出，由反演参数计算滑体参数和实际滑体参数的绝对误差和相对误差都比较小，最大的为安全系数的4%，反演计算滑体位置与现场滑体基本相符合。这说明了所建立的参数反分析模型的可行性和准确性。

2.4　露天开采终了边坡稳定性计算

2.4.1　模型建立

目前，在边坡稳定分析中，将边坡进行适当的简化和处理，并在平面内进行分析仍是常用的手段。但是三维稳定分析在很多情况下有其独特和重要的意义，这是由于自然界中发生的滑坡绝大多数呈三维状态，三维边坡稳定分析可以更加真实地反映边坡的实际状态，特别是当滑裂面已经确定时，使用三维分析方法可以恰当地考虑滑体内由于滑裂面的空间变异特征对边坡安全系数的影响。

本实例建立三维计算模型，模型计算范围为 550m（长）× 500m（宽）× 500m（高）。模型所在区域构造复杂，断层发育，约有 14 条大小断层，但是对滑坡起到控制性作用的主要有两条。因此本模型对断层进行了简化，模型共计 183758 个单元，如图 2-7 所示。

计算过程中全部岩土体均采用 Mohr-Coulomb 本构模型；除坡面设置为自由边界外，模型底部为固定约束边界，模型四周为单向边界。在初始条件中，考虑自重应力和地震力。

根据参数反演的结果，确定模型岩体物理力学参数如表 2-6 所示。

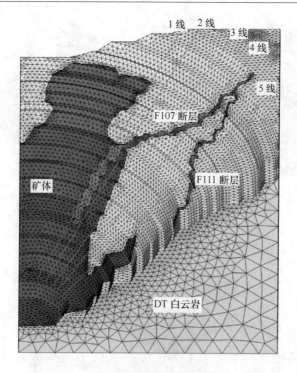

图 2-7   露天终了边坡模型

表 2-6   数值模拟相关参数

岩体类型	弹性模量 E/MPa	C/kPa	φ/(°)	岩体重度 /kN·m^{-3}	泊松比
白云岩	36000	400	42	26.5	0.24
断层	150	10	30	24.7	0.35
铁矿石	50000	600	43	37.5	0.23

2.4.2   位移场计算结果及分析

从位移云图 2-8 上看，按初步设计进行开采后，位移主要发生在两个控制性断层之间。安全系数为 0.6875。

从 X 方向的位移云图中可以看出，负向位移主要发生在两断层之间，位于边坡中下部，呈带状分布，平均约为 5.7cm，最大负向位移约为 10cm，指向坡外；横向对比，从 F107 断层到 F111 断层位移逐步减小，纵向对比，从 1348 平台到 1488 平台位移逐步增大；边坡中部台阶产生的位移值大于上部台阶，说明边坡上部台阶具有较高的安全系数，比中部台阶更稳定；正向位移主要发生在坡顶和坡底部分，平均约为 7.5cm。

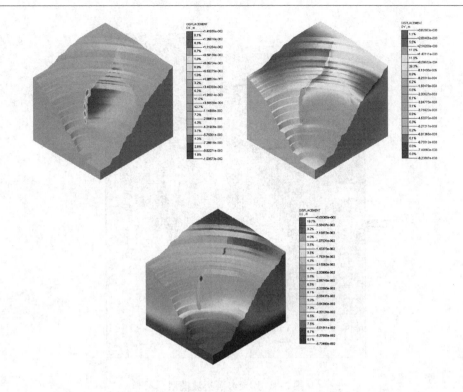

图 2-8 露天终了边坡 X、Y、Z 方向位移云图

Y 方向负向位移主要发生在边坡中下部，平均约为 4.5cm，指向坡外，最大负向位移发生在 F107 断层处，约为 6.7cm。正向位移主要发生在坡顶处，平均约为 2.8cm，指向坡内。

垂直方向位移全为负向位移，指向坡底，平均约为 3cm，最大位移发生在坡顶处，约为 5.7cm，最小位移发生在坡底处，约为 0.35cm。这主要是在自重应力场的作用下产生的现象。

2.4.3 应力场计算结果及分析

从应力云图 2-9 上看，X 方向拉、压应力均有所分布，其中拉应力主要分布在边坡表面和断层处，平均拉应力约为 0.26MPa，最大拉应力约为 0.5MPa；坡底和边坡内部以压应力为主，平均约为 3.3MPa，最大压应力为 6.15MPa。Y 方向以压应力为主，只在坡顶和断层局部出现拉应力，拉应力平均约为 0.35MPa，最大拉应力出现在两断层处，最大拉应力为 0.5MPa；压应力分布在边坡的大部分区域，呈带状分布，最大压应力出现在坡底处，约为 3.7MPa。总体上看，水平向应力的分布由于断层的存在产生了局部的应力集中，这对边坡的稳定不利。

垂直向应力呈带状分布，从坡顶开始，贯穿至坡脚。应力以压应力为主，只

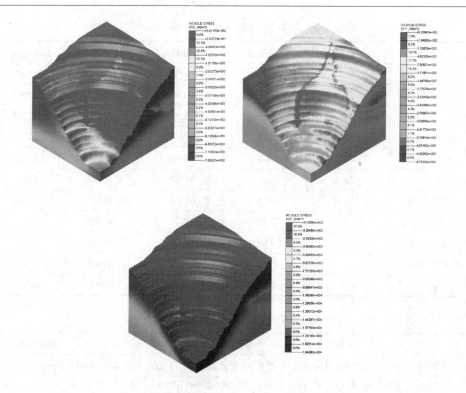

图 2-9 露天终了边坡 X、Y、Z 方向应力云图

在断层处局部出现拉应力，最大拉应力为 0.3MPa。其余部分均为压应力，最大为 15.8MPa，出现在边坡底部。这主要是因为在天然状态下，自重是应力形成的主要因素。

通过模拟结果分析表明，在不采取削坡或加固措施的情况下，按初始设计继续深部采矿是极其危险的，极有可能引起边坡的整体滑塌。

2.5 露天开采终了边坡加固方案

2.5.1 加固方案

2.5.1.1 方案一

1 剖面 1488m 平台后退 25m，2 剖面后退 35m，3 剖面后退 45m，4 剖面后退 10m，5 剖面保持现状。各台阶按照原设计的边坡几何参数逐层推进至 1230m。当边坡稳定性不满足安全系数限值时，采取加固措施至满足稳定要求，加固措施主要为钢筋混凝土挡墙肋柱式锚索加固，锚索采用 12 索（1800kN）或 22 索（3300kN）级大吨位锚索。方案一削方和加固工程量如表 2-7 和表 2-8 所示。

表 2-7　方案一削方工作量

高程/m	台阶高度/m	削方总长度/m	总削方量/m³	总矿石量/m³	岩石量/m³
1488 ~ 1552	56	300	461600	203300	258300
1460 ~ 1488	28	371	172032	37352	134680
1432 ~ 1460	28	337	155064	27776	127288
1404 ~ 1432	28	310	117880	45528	72352
1376 ~ 1404	28	261	104048	46816	57232
1348 ~ 1376	28	225	84560	54208	30352
1320 ~ 1348	28	217	65968	39144	26824
1290 ~ 1320	30	182	48900	48900	0
1260 ~ 1290	30	158	37620	37620	0
1230 ~ 1260	30	136	24000	24000	0
合　计	314	2497	1271672	564644	707028

表 2-8　方案一加固工作量

高程/m	1 剖面			2 剖面			3 剖面			合　计	
	计算长度 /m	22 索锚索 /m	加固面积/m²	计算长度 /m	22 索锚索 /m	加固面积/m²	计算长度 /m	加固面积/m²	12 索锚索 /m	锚索 /m	加固面积/m²
1260 ~ 1290	34	1400	1125	41	1600	1353	—	—	—	(22 索) 10400	8296
1290 ~ 1320	37	1600	1221	45	1800	1485	—	—	—		
1320 ~ 1348	48.4	2000	1500	52	2000	1612	—	—	—		
1432 ~ 1460	—	—	—	—	—	—	55.0	1689	1925	(12 索) 4375	3778
1460 ~ 1488	—	—	—	—	—	—	67.5	2089	2450		
合　计	119.4	5000	3846	138	5400	4450	122.5	3778	4375	14775	12074

2.5.1.2　方案二

在第一方案的基础上，1348m 以下保持原边坡参数设计，以提高下部台阶对总体边坡的支持力，即提高抗滑力，这样，1348m 以下的矿石量不能增加，但与第一方案相比加固量可减少。方案二削方和加固工程量如表 2-9 和表 2-10 所示。

表 2-9　方案二削方工作量

高程/m	台阶高度/m	削方总长度/m	总削方量/m³	总矿石量/m³	岩石量/m³
1488 ~ 1552	56	300	461600	203300	258300
1460 ~ 1488	28	371	172032	37352	134680
1432 ~ 1460	28	337	155064	27776	127288

高程/m	台阶高度/m	削方总长度/m	总削方量/m³	总矿石量/m³	岩石量/m³
1404~1432	28	310	117880	45528	72352
1376~1404	28	261	104048	46816	57232
1348~1376	28	225	84560	54208	30352
合 计	196	1804	1095184	414980	680204

表 2-10 方案二加固工作量

高程/m	1 剖面			3 剖面			合 计	
	计算长度/m	22 索锚索/m	加固面积/m²	计算长度/m	加固面积/m²	12 索锚索/m	锚索/m	加固面积/m²
1290~1320	52	3630	993	—	—	—	(22 索) 3630	993
1432~1460	—	—	—	55.0	1689	1925	(12 索) 4375	3778
1460~1488	—	—	—	68.0	2089	2450		
合 计	52	3630	993	123	3778	4375	8005	4771

2.5.2 加固方案稳定性分析

2.5.2.1 方案一

A 模型建立

在露天开采终了边坡的基础上进行削坡和预应力锚索加固后建立模型,模型共计 324354 个单元,如图 2-10 所示。

模型中预应力锚索采用植入式桁架进行模拟,它的主要优点是无需考虑一维单元和三维单元的节点耦合问题,大大降低了模拟的复杂程度。具体做法如下:预应力锚索的自由段用一组相对力进行模拟,与锚固段相连的自由段用一个节点集中力模拟,另一端用分布力模拟。预应力锚索具体参数如表 2-11 所示。

表 2-11 预应力锚索相关参数

锚索类型	预应力/kN	弹性模量/GPa	泊松比	重度/kN·m⁻³	直径/cm
12 索	1800	195	0.3	78.5	4.6
22 索	3300	195	0.3	78.5	6.3

B 位移场计算结果及分析

a 未加固位移场计算结果及分析

从未加固的位移云图 2-11 上看,按第一方案设计进行开采后,位移主要发

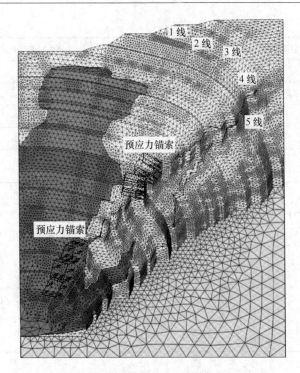

图 2-10　加固方案一模型

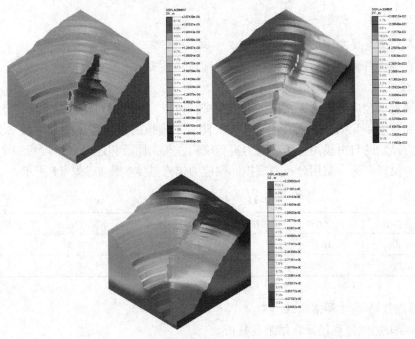

图 2-11　方案一未加固时 X、Y、Z 方向位移云图

生在两个控制性断层之间。从总体上看，和原方案相比，位移分布面积和大小均有所减小，说明削坡起到了一定的作用。安全系数为0.8125，虽略有提高，但仍不安全。

X方向负向位移主要发生在两断层之间，平均约为2.1cm，最大负向位移约为10cm，指向坡外，呈带状分布；正向位移主要发生在坡顶和坡底部分，平均约为1.0cm。

Y方向负向位移主要发生在边坡中下部，平均约为1.0cm，指向坡外，最大负向位移发生在F107断层处，约为1.1cm。正向位移主要发生在坡顶处，平均约为0.11cm，指向坡内。

垂直方向位移全为负向位移，指向坡底，平均约为2.0cm，最大位移发生在坡顶处，约为4.3cm，最小位移发生在坡底处，约为0.27cm。和原方案相比，位移减小，负向位移分布面积有所缩小。

b　加固后位移场计算结果及分析

从加固后的位移云图2-12来看，和加固前相比，没有滑坡出现，并且位移减小明显。安全系数为1.0625，达到了预应力锚索加固的预期效果。

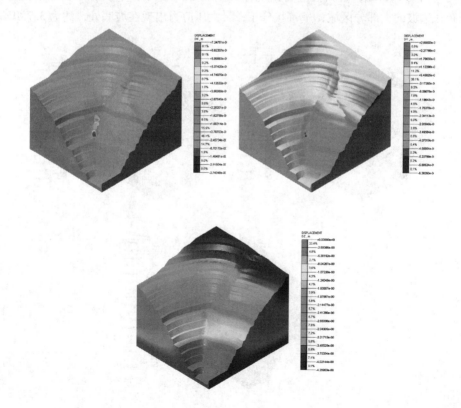

图2-12　方案一加固后 X、Y、Z 方向位移云图

其中，X 方向负向位移平均约为 0.24mm，最大负向位移约为 1.5mm，出现在两断层交界处，指向坡外，主要发生在边坡中上部；正向位移主要发生在边坡左下部，平均约为 3mm。和原方案相比，负向位移发生的范围和大小都有所减小，正向位移分布面积有所增大，位移量大幅度减小。Y 方向负向位移主要发生在边坡中下部，平均约为 2mm，指向坡外，最大负向位移发生在 F107 断层处，约为 6mm，且只有零星分布；正向位移主要发生在左侧坡顶处，平均约为 2mm，指向坡内。垂直方向位移全为负向位移，指向坡底，平均约为 5mm，最大位移发生在坡顶处，约为 4.3cm，最小位移发生在坡底处，约为 0.27cm。

C　应力场计算结果及分析

a　未加固应力场计算结果及分析

从未加固的应力云图 2-13 上看，X 方向拉、压应力均有所分布，其中拉应力主要分布在边坡表面和断层处，平均拉应力约为 0.26MPa，最大拉应力约为 0.5MPa；坡底和边坡内部以压应力为主，平均约为 3.3MPa，最大压应力为 4.01MPa。Y 方向以压应力为主，只在左侧坡顶和断层局部出现拉应力，拉应力平均约为 0.35MPa，最大拉应力出现在两断层处，最大拉应力为 0.5MPa；压应力分布在边坡的大部分区域，呈带状分布，最大压应力出现在坡底处，约为 3.7MPa。

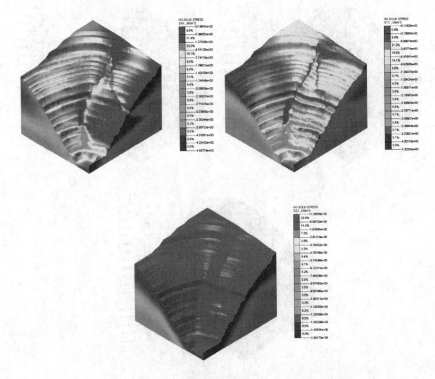

图 2-13　方案一未加固时 X、Y、Z 方向应力云图

总体上看，和原方案相比，水平向应力集中现象有明显改善，但是局部最大应力仍达到 0.5MPa，接近岩土体的抗拉强度，对边坡稳定构成一定影响。

垂直向应力呈带状分布，从坡顶开始，贯穿至坡脚。应力以压应力为主，只在断层处局部出现拉应力，最大拉应力为 0.1MPa。其余部分均为压应力，最大为 15.0MPa，出现在边坡底部。

b 加固后应力场计算结果及分析

从加固后的应力云图 2-14 上看，X 方向应力以压应力为主，其中拉应力主要分布在坡顶和断层处，且面积很小，平均拉应力约为 0.15MPa，最大拉应力约为 0.4MPa，出现在右侧坡顶模型边缘部分；坡底和边坡内部以压应力为主，平均约为 3.3MPa，最大压应力为 4.01MPa。Y 方向以压应力为主，只在左侧坡顶靠近模型边缘部分出现拉应力，拉应力平均约为 0.25MPa，最大拉应力出现在模型左侧边缘角处，约为 0.4MPa；压应力分布在边坡的大部分区域，呈带状分布，最大压应力出现在坡底处，约为 2.7MPa。和加固前相比，水平向应力集中现象明显改善，虽局部仍有应力集中，但最大应力也仅有 0.4MPa，且分布面积较小，基本对边坡稳定不构成影响，可以看出，预应力锚索的加固效果明显。

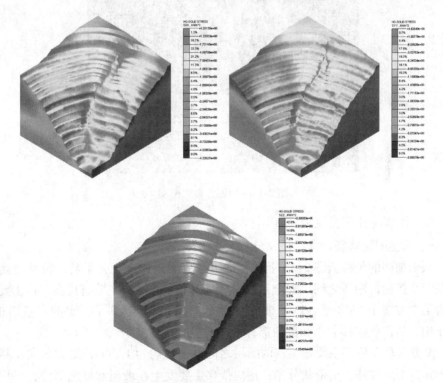

图 2-14 方案一加固后 X、Y、Z 方向应力云图

垂直向应力呈带状分布，从坡顶开始，贯穿至坡脚。应力以压应力为主，只

在断层处局部出现拉应力，且只有零星分布，最大拉应力为 0.09MPa。其余部分均为压应力，最大为 10.0MPa，出现在边坡底部。

2.5.2.2　方案二

A　模型建立

在露天开采终了边坡的基础上进行削坡和锚索加固后建立模型，模型共计321720 个单元，如图 2-15 所示。

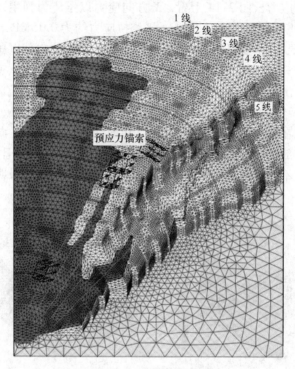

图 2-15　加固方案二模型

B　位移场计算结果及分析

a　未加固位移场计算结果及分析

从未加固的位移云图 2-16 上看，按第二方案设计进行开采后，位移主要发生在两个控制性断层之间。安全系数为 0.9025，比第一方案略有提高，这主要是因为第二方案中 1348 平台以下维持原设计，下部矿石起到了一定的"抗滑桩"的作用，从而使位移大小和范围都有了进一步的缩小。

X 方向负向位移主要发生在两断层之间，平均约为 1.5cm，最大负向位移约为 3cm，指向坡外，呈带状分布；正向位移主要发生在坡顶和坡底部分，平均约为 1.0cm。和第一方案相比，负向位移发生的范围和大小都有所减小，正向位移分布面积有所增大，位移量大幅度减小。Y 方向负向位移主要发生在边坡中下

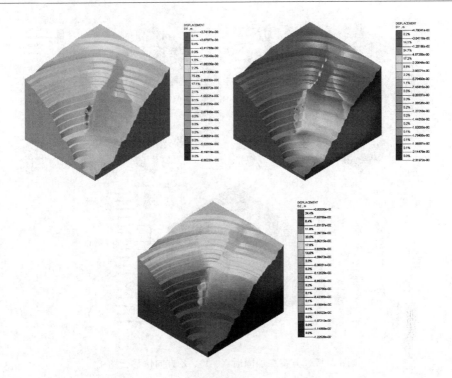

图 2-16 方案二未加固时 X、Y、Z 方向位移云图

部, 平均约为 1.0cm, 指向坡外, 最大负向位移发生在 F107 断层处, 约为 2.1cm; 正向位移主要发生在坡顶处, 平均约为 0.3cm, 指向坡内。

垂直方向位移全为负向位移, 指向坡底, 平均约为 2.0cm, 最大位移发生在坡顶处, 约为 4.3cm, 最小位移发生在坡底处, 约为 0.27cm。

b 加固后位移场计算结果及分析

从加固后的位移云图 2-17 来看, X 方向负向位移平均约为 0.24mm, 主要发生在边坡中上部。最大负向位移约为 3mm, 出现在两断层交界处, 指向坡外; 正向位移主要发生在边坡左下部, 平均约为 3mm, 主要分布于 F107 断层下部。Y 方向负向位移主要发生在边坡中下部, 平均约为 2mm, 指向坡外, 最大负向位移发生在 F107 断层处, 约为 7mm, 且只有零星分布; 正向位移主要发生在左侧坡顶处, 平均约为 2mm, 指向坡内。和加固前相比, 没有滑坡出现, 并且位移减小明显。安全系数为 1.1375, 边坡安全, 达到了预应力锚索加固的预期效果。

C 应力场计算结果及分析

a 未加固应力场计算结果及分析

从未加固的应力云图 2-18 上看, X 方向拉、压应力均有所分布, 其中拉应力主要分布在边坡右侧模型边缘和断层处, 平均拉应力约为 0.26MPa, 最大拉应

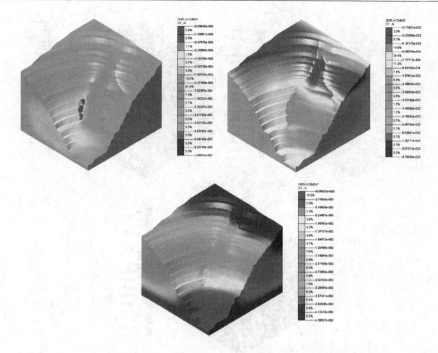

图 2-17　方案二加固后 X、Y、Z 方向位移云图

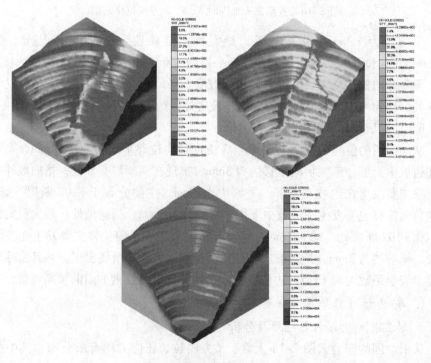

图 2-18　方案二未加固时 X、Y、Z 方向应力云图

力约为 0.45MPa；坡底和边坡内部以压应力为主，平均约为 3.3MPa，最大压应力为 4.5MPa。Y 方向以压应力为主，只在左侧坡顶和断层局部出现拉应力，拉应力平均约为 0.35MPa，最大拉应力出现在两断层交界处，最大拉应力为 0.5MPa；压应力分布在边坡的大部分区域，呈带状分布，最大压应力出现在坡底处，约为 4.3MPa。从整体上看，和第一方案相比，水平向应力集中现象有明显改善，但是局部最大应力仍达到 0.45MPa，接近岩土体的抗拉强度，对边坡稳定构成一定影响。

垂直向应力呈带状分布，从坡顶开始，贯穿至坡脚。应力以压应力为主，只在断层处局部出现拉应力，最大拉应力为 0.17MPa，其余部分均为压应力，最大为 15.0MPa，出现在边坡底部。

b　加固后应力场计算结果及分析

从加固后的应力云图 2-19 上看，X 方向应力以压应力为主，其中拉应力主要分布在坡顶模型边缘处，且面积很小，平均拉应力约为 0.15MPa，最大拉应力约为 0.42MPa，出现在右侧坡顶模型边缘部分；坡底和边坡内部以压应力为主，平均约为 3.3MPa，最大压应力为 4.1MPa。Y 方向以压应力为主，只在左侧坡顶靠近模型边缘部分出现拉应力，拉应力平均约为 0.31MPa，最大拉应力出现在模型左侧边缘角处，约为 0.46MPa；压应力分布在边坡的大部分区域，呈带状分布，最大压应力出现在坡底处，约为 3.4MPa。和加固前相比，水平向应力集中现象明显改善，主要分布在断层周围，零星出现，对边坡稳定影响较小。和加固前相比较，可以看出预应力锚索起到了一定的加固效果。

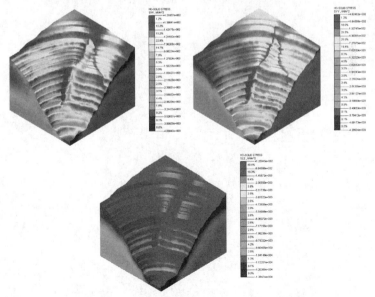

图 2-19　方案二加固后 X、Y、Z 方向应力云图

垂直向应力呈带状分布，从坡顶开始，贯穿至坡脚。应力以压应力为主，只在断层处局部出现拉应力，且只有零星分布，最大拉应力为 0.12MPa；其余部分均为压应力，最大为 12.8MPa，出现在边坡底部。

2.5.3　加固方案确定

第一方案采剥总量 $127 \times 10^4 m^3$，其中矿石量 $56 \times 10^4 m^3$，岩石量 $71 \times 10^4 m^3$，剥采比 1.27，按照当时矿山铁矿石综合成本 93.5 元/t（剥采比 2.3）进行折算，第一方案矿石综合成本 52 元/t（剥采比 1.27，矿石体重 3.5t/m^3），按照当时铁矿石市场价格 100 元/t 计算可实现矿石效益为（100 - 52）× 56 × 3.5 = 9408 万元，加固及截排水费用为 4600 万元，综合效益为 4808 万元。

第二方案采剥总量 $109 \times 10^4 m^3$，其中矿石量 $41 \times 10^4 m^3$，岩石量 $68 \times 10^4 m^3$，剥采比 1.66，矿石综合成本 67.5 元/t，可实现矿石效益（100 - 67.5）× 41 × 3.5 = 4663.75 万元，加固及截排水费用为 2752 万元，综合效益为 1938.75 万元。

通过数值模拟分析，两种方案均可达到加固的预期效果，综合对比安全因素、经济因素和加固工程量后，认为采用第一加固方案更加合理和经济。

3 地下矿山采区溜井工程稳定性研究

采区溜井作为地下金属矿山最重要的采矿工程之一，井下开采的矿岩都由此集贮和转运，它们能否安全运营一直是影响地下金属矿山采矿生产和安全的重大技术难题。因此，矿山对溜井的选位、维护与管理都十分重视。但由于溜井工程环境复杂，又长期受冲击载荷作用，稳定条件恶劣，一些生产能力大且矿岩软破的矿山都存在溜井严重变形破坏的问题。

本章结合典型矿山采区溜井工程，采用数值分析方法对多分层联络巷连接下采区溜井开挖变形规律与控制、冲击载荷作用下采区溜井破坏机理与加固措施、典型溜井垮冒加固方案进行了系统的介绍。

3.1 多分层联络巷连接下采区溜井开挖变形规律与控制

本节基于有限元理论，运用大型有限元分析软件 Midas/gts 对多分层联络巷连接下采区溜井开挖后变形规律进行了研究，总结出变形敏感区域。选用线单元和三角形平面单元模拟支护结构，对变形敏感区域加固后的溜井稳定性进行了分析。

3.1.1 多分层联络巷连接下采区溜井开挖后变形规律

3.1.1.1 模型建立

模拟计算研究选择某铁矿东区中部 610-Ⅱ 矿石溜井为对象。计算模拟段深度为 −270m 至 −340m，五个分段水平巷道的中心标高分别为 −284m、−298m、−312m、−326m 和 −340m。为了建模的方便，将溜井及巷道直径均设计为 3.0m。根据工程地质资料，溜井的围岩为蚀变硅卡岩，围岩力学参数如表 3-1 所示。

表 3-1 围岩力学参数

岩石名称	重度 /kN·m⁻³	弹模 /GPa	泊松比	黏聚力 /MPa	摩擦角 /(°)	抗压强度 /MPa	抗拉强度 /MPa
蚀变硅卡岩	26.3	0.4	0.20	0.9	21.9	34.3	1.50

运用三维有限元数值模拟计算方法，从整体和局部分析溜井和联络巷开挖完成后围岩的应力分布和围岩位移两个方面的力学状态。

模型高取溜井长度为 70m，长和宽取溜井前后、左右各 20m，因此长 43m，宽 43m，如图 3-1 所示。三维模型共划分为 83244 个单元，18435 个节点，计算网格如图 3-2 所示。

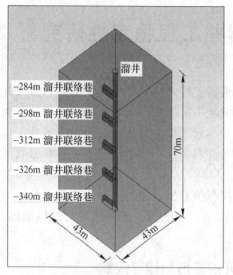

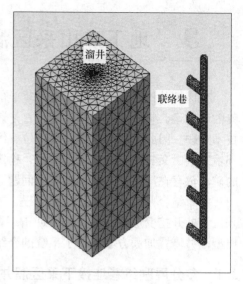

图 3-1　溜井三维模型图　　　　　　　　图 3-2　溜井三维网格图

模拟计算采用位移边界条件：在模型上部施加 –10.8MPa 的垂直载荷，模拟上部岩体的自重作用，底部限制水平和垂直移动，模型对称面限制水平位移，模型四周施加对称应力边界条件，在竖直方向按重力梯度分布。模拟计算按以下七个步骤进行：

（1）模拟形成初始应力场；

（2）模拟分步开挖溜井，模拟计算跟踪其应力状态及井壁的变形；

（3）模拟分步开挖 –284m 水平联络巷，模拟计算跟踪其应力状态及巷道变形；

（4）模拟分步开挖 –298m 水平联络巷，模拟计算跟踪其应力状态及巷道变形；

（5）模拟分步开挖 –312m 水平联络巷，模拟计算跟踪其应力状态及巷道变形；

（6）模拟分步开挖 –326m 水平联络巷，模拟计算跟踪其应力状态及巷道变形；

（7）模拟分步开挖 –340m 水平联络巷，模拟计算跟踪其应力状态及巷道变形。

由于实际开挖过程中，采区溜井均不采用任何的支护，因此，本次模拟计算并未考虑支护因素的影响。

3.1.1.2　计算结果与分析

根据模拟步骤提取不同步骤的模型位移云图和应力云图，分别分析溜井开挖及分层联络巷开挖完成后的围岩力学状态及变形规律。

A 溜井开挖后

溜井施工从下往上依次全断面开挖，每次开挖进尺为2m，考虑到模拟计算所占用的时间关系，每次模拟开挖进尺为4m。

（1）由图3-3分析知溜井开挖后井壁0.3m范围内围岩受到了影响，模型中部以下影响范围变大，位移矢量方向均指向溜井中心。井壁X方向位移最大值为32mm；井壁Y方向位移最大值为21mm；井壁Z方向位移最大值为4mm。

（2）井壁应力均为压应力，变化规律和位移变化情况相同。井壁X方向应力最大值为2.7MPa；井壁Y方向应力最大值为2.8MPa；井壁Z方向应力最大值为3.2MPa。

（3）溜井开挖后井壁周边剪切应变较大，随着深度增加，影响范围变大。

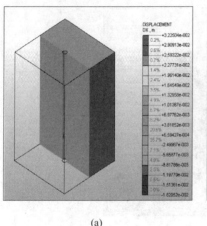

(a)

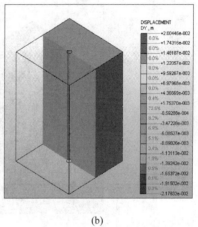

(b)

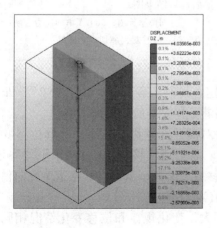

(c)

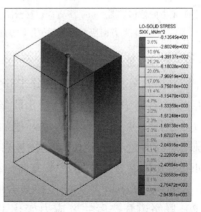

(d)

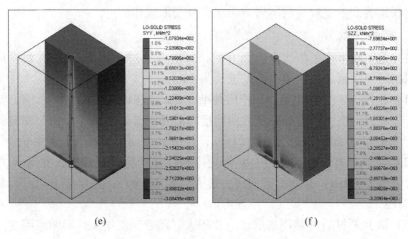

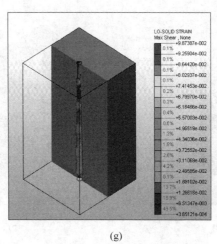

图 3-3　溜井开挖后计算结果图

（a）X 方向位移云图；（b）Y 方向位移云图；（c）Z 方向位移云图；（d）X 方向应力云图；
（e）Y 方向应力云图；（f）Z 方向应力云图；（g）最大剪切应变云图

B　-284m 水平联络道开挖

开挖顺序自外侧向溜井依次分步开挖。其中，第 1 步 3.5m，第 2、3 步 3m，第 4 步 4m，省略中间过程，只给出联络巷开挖完毕后的最终结果。

（1）由图 3-4 分析知联络道开挖后对溜井井壁影响较小，井壁位移变化不大。联络道与井壁交汇处位移变化显著。联络道位移 X、Y 方向水平位移较小，Z 方向位移变化显著。联络道 X 方向位移最大值为 6.3mm；联络道 Y 方向位移最大值为 23mm；联络道 Z 方向位移最大值为 27mm。

（2）联络道开挖后井壁应力变化不大，变化规律和位移变化情况相同，联络道与井壁交汇处位移变化显著。联络道 X 方向应力最大值为 0.9MPa；联络道

Y 方向应力最大值为 1.8MPa；联络道 Z 方向应力最大值为 1.6MPa。

（3）联络道开挖后溜井井壁周边剪切应变变化不大，与井壁交汇处剪切应变变化显著。

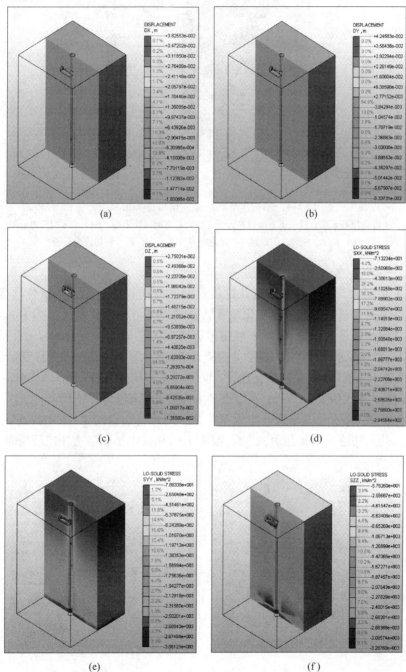

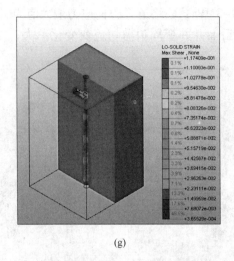

(g)

图 3-4   第一水平联络道开挖后计算结果图

（a）X 方向位移云图；（b）Y 方向位移云图；（c）Z 方向位移云图；（d）X 方向应力云图；
（e）Y 方向应力云图；（f）Z 方向应力云图；（g）最大剪切应变云图

C   −298m 水平联络道开挖

（1）由图 3-5 分析知联络道开挖后对溜井井壁影响较小，井壁位移变化不大。联络道与井壁交汇处位移变化显著。联络道 X 方向位移最大值为 18mm；联络道 Y 方向位移最大值为 57mm；联络道 Z 方向位移最大值为 48mm。

（2）−298m 水平联络道开挖后井壁应力变化不大，变化规律和位移变化情况相同，联络道与井壁交汇处位移变化显著。联络道 X 方向应力最大值为 1.1MPa；联络道 Y 方向应力最大值为 1.9MPa；联络道 Z 方向应力最大值为 1.5MPa。

（3）−298m 水平联络道开挖后溜井井壁周边剪切应变变化不大，联络道与井壁交汇处剪切应变变化显著，变化范围与 −284m 水平联络道开挖后相同。

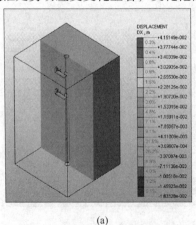

(a)

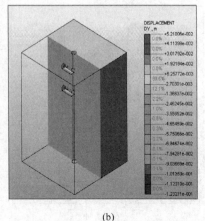

(b)

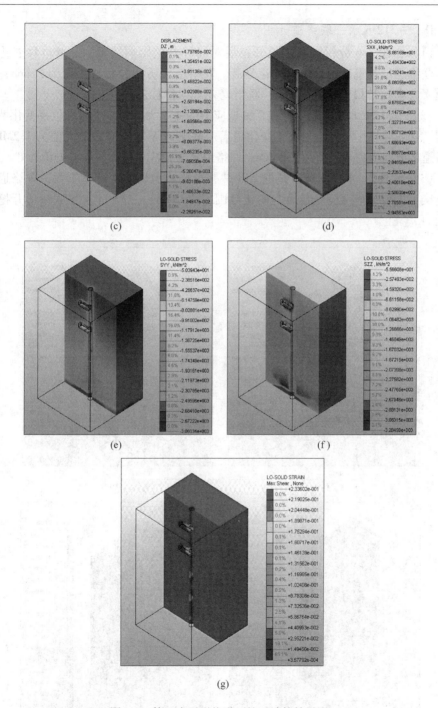

图 3-5　第二水平联络道开挖后计算结果图

（a）X 方向位移云图；（b）Y 方向位移云图；（c）Z 方向位移云图；（d）X 方向应力云图；

（e）Y 方向应力云图；（f）Z 方向应力云图；（g）最大剪切应变云图

D −312m 水平联络道开挖

（1）由图3-6分析知联络道开挖后对溜井井壁影响较小，井壁位移变化不大。联络道与井壁交汇处位移变化显著。联络道 X 方向位移最大值为32mm；联络道 Y 方向位移最大值为57mm；联络道 Z 方向位移最大值为52mm。

（2）−312m 水平联络道开挖后井壁应力变化不大，变化规律和位移变化情况相同，联络道与井壁交汇处位移变化显著。联络道 X 方向应力最大值为1.2MPa；联络道 Y 方向应力最大值为1.8MPa；联络道 Z 方向应力最大值为1.4MPa。

（3）−312m 水平联络道开挖后溜井井壁周边剪切应变变化不大，联络道与井壁交汇处剪切应变变化显著，变化范围与 −284m、−298m 水平联络道开挖后相同。

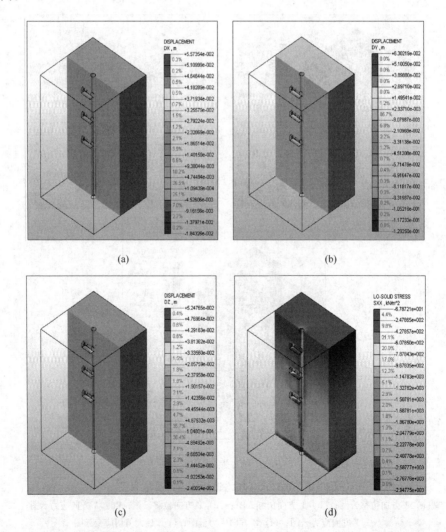

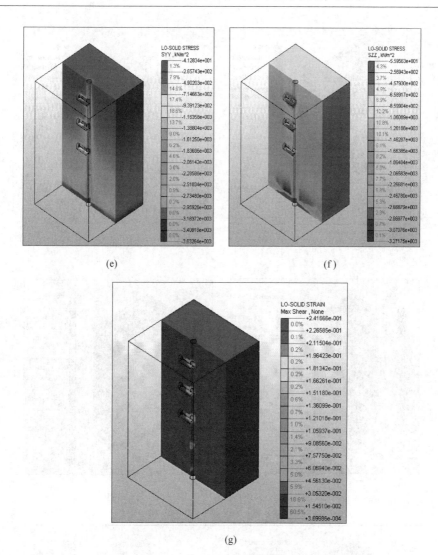

图3-6 第三水平联络道开挖后计算结果图
(a) X方向位移云图；(b) Y方向位移云图；(c) Z方向位移云图；(d) X方向应力云图；
(e) Y方向应力云图；(f) Z方向应力云图；(g) 最大剪切应变云图

E −326m 水平联络道开挖

(1) 由图3-7分析知联络道开挖后对溜井井壁影响较小，井壁位移变化不大。联络道与井壁交汇处位移变化显著。联络道 X 方向位移最大值为68mm；联络道 Y 方向位移最大值为85mm；联络道 Z 方向位移最大值为68mm。

(2) −326m 水平联络道开挖后井壁应力变化不大，变化规律和位移变化情况相同，联络道与井壁交汇处位移变化显著。联络道 X 方向应力最大值为1.4MPa；

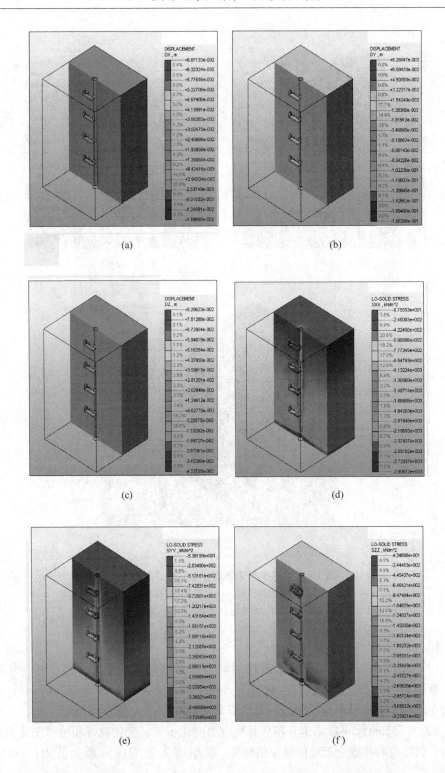

(a)　　　　　　　　　　　　　　　　(b)

(c)　　　　　　　　　　　　　　　　(d)

(e)　　　　　　　　　　　　　　　　(f)

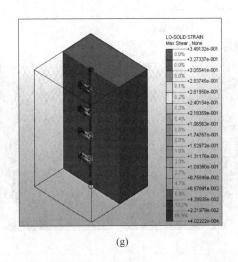

(g)

图 3-7　第四水平联络道开挖后计算结果图

(a) X 方向位移云图；(b) Y 方向位移云图；(c) Z 方向位移云图；(d) X 方向应力云图；
(e) Y 方向应力云图；(f) Z 方向应力云图；(g) 最大剪切应变云图

联络道 Y 方向应力最大值为 1.9MPa；联络道 Z 方向应力最大值为 1.7MPa。

（3） -326m 水平联络道开挖后溜井井壁周边剪切应变变化不大，联络道与井壁交汇处剪切应变变化显著，变化范围与 -284m、-298m、-312m 水平联络道开挖后相同。

F　-340m 水平联络道开挖

（1）由图 3-8 分析知联络道开挖后对溜井井壁影响较小，井壁位移变化不大。联络道与井壁交汇处位移变化显著。联络道 X 方向位移最大值为 83mm；联络道 Y 方向位移最大值为 82mm；联络道 Z 方向位移最大值为 95mm。

（2） -340m 水平联络道开挖后井壁应力变化不大，变化规律和位移变化情况相同，联络道与井壁交汇处位移变化显著。联络道 X 方向应力最大值为 1.5MPa；联络道 Y 方向应力最大值为 1.8MPa；联络道 Z 方向应力最大值为 1.8MPa。

（3） -340m 水平联络道开挖后溜井井壁周边剪切应变变化不大，联络道与井壁交汇处剪切应变变化显著，变化范围与 -284m、-298m、-312m、-326m 水平联络道开挖后相同。

由以上模型模拟不同开挖步骤分析结果得出，溜井开挖后，井壁 0.3m 范围内位移影响显著，变化在几个毫米。不同联络道开挖后，井壁位移变化不大，但联络道与溜井交汇处位移变化显著，范围在上下 1.5m 左右，特别是随深度增加变化逐渐增大。因此建议对溜井进行加固处理。

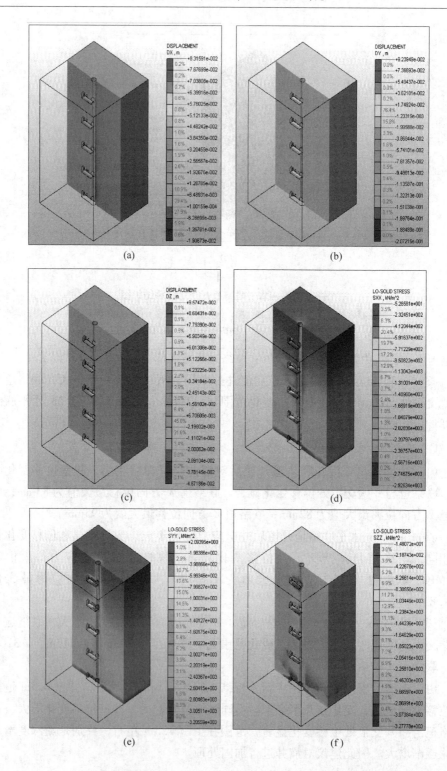

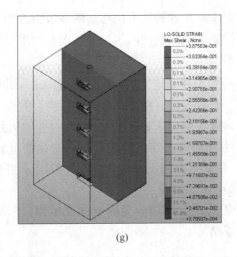

图 3-8　第五水平联络道开挖后计算结果图

(a) X 方向位移云图；(b) Y 方向位移云图；(c) Z 方向位移云图；(d) X 方向应力云图；

(e) Y 方向应力云图；(f) Z 方向应力云图；(g) 最大剪切变云图

3.1.2　溜井支护三维力学响应分析

由溜井开挖三维力学响应分析结果得出，不同水平联络道与溜井井壁交汇处位移变化显著，特别是随深度增加变化逐渐增大，因此应对溜井进行加固处理。加固方案为井壁和水平联络道开挖后进行素喷，水泥选用普通矿渣 425 号水泥，浇灌混凝土厚度为 200mm，混凝土标号为 C_{25}。设计锚杆孔下倾 15°，锚杆长度为 1800mm，其中注浆部分 1600mm，外露 200mm。锚杆选用 ϕ18 的普通螺纹钢筋，锚杆布置的密度为 800mm×800mm，位置在水平联络道与溜井井壁交汇处上下 2m 范围。

3.1.2.1　支护模型与参数

根据支护方案采用杆单元模拟锚杆，壳单元模拟喷层。支护物理力学参数见表 3-2。

表 3-2　支护物理力学参数

材料名称	变形模量 E/GPa	泊松比 μ	摩擦角 φ / (°)	黏聚力 C/MPa	重度 γ/kN·m^{-3}
锚　杆	160	0.30			78
混凝土	20	0.24			22

3.1.2.2　计算结果与分析

溜井支护三维力学响应分析是在溜井开挖三维力学响应分析模型基础上进行力学分析的，模拟步骤与其相同，不同之处就是各步骤开挖后立即进行支护。

　　根据模拟步骤提取不同步骤的模型位移云图和应力云图，分别分析溜井开挖支护及分层联络巷开挖支护完成后的围岩力学状态及变形规律。

　　A 溜井开挖支护后

　　（1）由图3-9分析知溜井开挖支护后，随深度的增加井壁影响范围增加，但溜井支护后位移得到了有效控制，在几个毫米范围内。井壁 X 方向位移最大值为 5mm；井壁 Y 方向位移最大值为 5.1mm；井壁 Z 方向位移最大值为 0.5mm。

　　（2）井壁应力均为压应力，变化规律和位移变化情况相同。井壁 X 方向应力最大值为 2.2MPa；井壁 Y 方向应力最大值为 2.3MPa；井壁 Z 方向应力最大值为 3.2MPa。

　　（3）溜井开挖支护后最大剪切应变随着深度增加，影响范围变大，但较开挖未支护得到了有效控制。

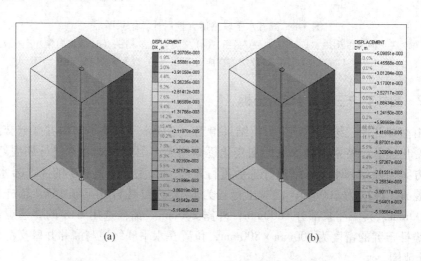

(a)　　　　　　　　　　　　　　　　　　(b)

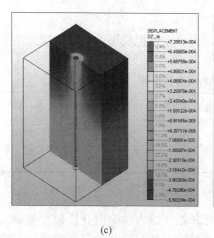
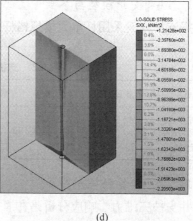

(c)　　　　　　　　　　　　　　　　　　(d)

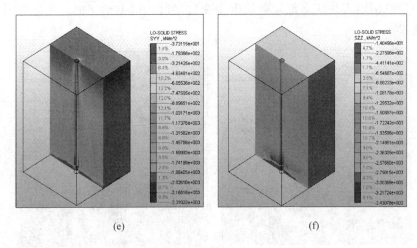

(e)　　　　　　　　　　　　　(f)

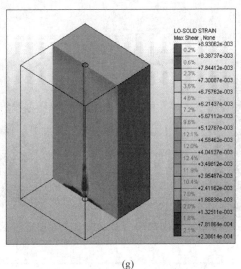

(g)

图 3-9　溜井开挖支护后计算结果图

(a) X 方向位移云图；(b) Y 方向位移云图；(c) Z 方向位移云图；(d) X 方向应力云图；

(e) Y 方向应力云图；(f) Z 方向应力云图；(g) 最大剪切应变云图

B　 $-284\mathrm{m}$ 水平联络道开挖支护后

（1）由图 3-10 分析知因溜井和联络道开挖后进行了支护，联络道与井壁交汇处位移变化得到了有效控制。联络道 X 方向位移最大值为 1.9mm；联络道 Y 方向位移最大值为 3.9mm；联络道 Z 方向位移最大值为 5.8mm。

（2）联络道 X 方向应力最大值为 0.1MPa；联络道 Y 方向应力最大值为 0.2MPa；联络道 Z 方向应力最大值为 0.4MPa。

（3）联络道与井壁交汇处剪切应变变化显著，但由于支护，变化范围得到了有效控制。

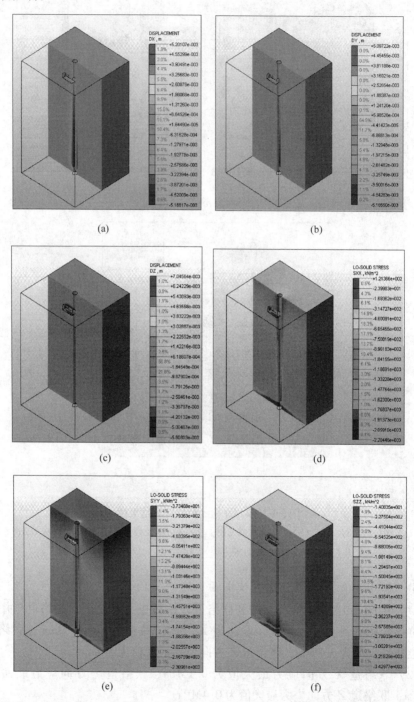

(a)   (b)

(c)   (d)

(e)   (f)

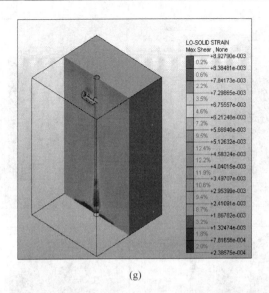

(g)

图 3-10　第一水平联络道开挖支护后计算结果图

（a）X 方向位移云图；（b）Y 方向位移云图；（c）Z 方向位移云图；（d）X 方向应力云图；

（e）Y 方向应力云图；（f）Z 方向应力云图；（g）最大剪切应变云图

C　－298m 水平联络道开挖

（1）图 3-11 显示联络道 X 方向位移最大值为 1.9mm；联络道 Y 方向位移最大值为 3.8mm；联络道 Z 方向位移最大值为 5.9mm。

（2）联络道 X 方向应力最大值为 0.1MPa；联络道 Y 方向应力最大值为 0.3MPa；联络道 Z 方向应力最大值为 0.6MPa。

（3）联络道与井壁交汇处剪切应变变化显著，但由于支护，变化范围得到了有效控制，变化范围与 －284m 水平联络道开挖支护后相同。

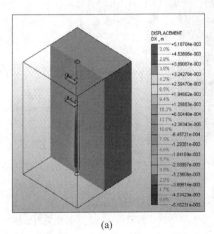

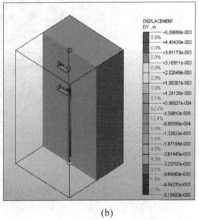

(a)　　　　　　　　　　　　　　　　　(b)

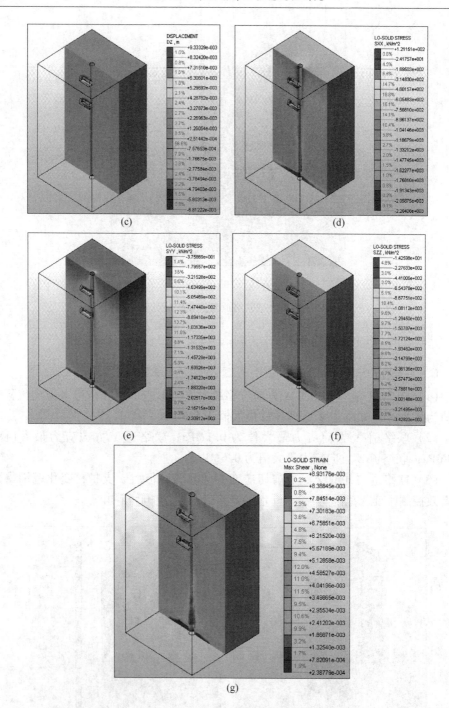

图 3-11 第二水平联络道开挖支护后计算结果图

（a）X方向位移云图；（b）Y方向位移云图；（c）Z方向位移云图；（d）X方向应力云图；

（e）Y方向应力云图；（f）Z方向应力云图；（g）最大剪切应变云图

D -312m 水平联络道开挖

（1）图 3-12 显示联络道 X 方向位移最大值为 2.5mm；联络道 Y 方向位移最大值为 4.9mm；联络道 Z 方向位移最大值为 8.5mm。

（2）联络道 X 方向应力最大值为 0.3MPa；联络道 Y 方向应力最大值为 0.4MPa；联络道 Z 方向应力最大值为 0.7MPa。

（3）联络道与井壁交汇处剪切应变变化显著，但由于支护，变化范围得到了有效控制，变化范围与 -284m、-298m 水平联络道开挖支护后相同。

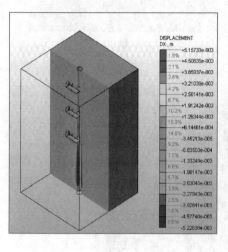

(a)

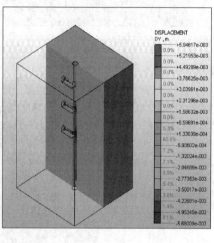

(b)

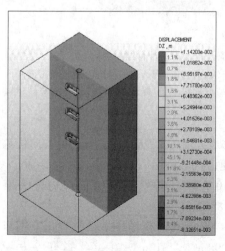

(c)

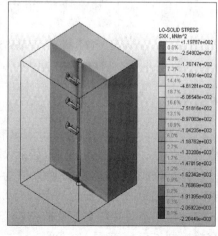

(d)

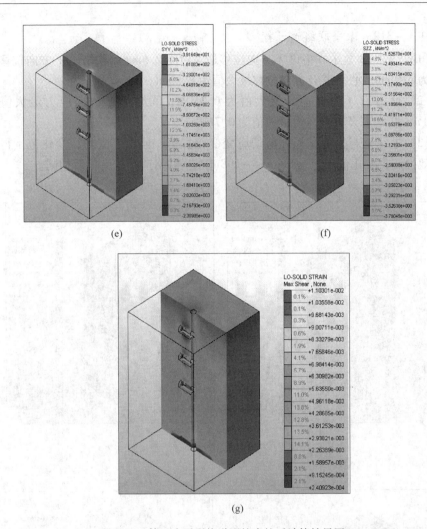

图 3-12　第三水平联络道开挖支护后计算结果图
（a）X 方向位移云图；（b）Y 方向位移云图；（c）Z 方向位移云图；（d）X 方向应力云图；
（e）Y 方向应力云图；（f）Z 方向应力云图；（g）最大剪切应变云图

E　−326m 水平联络道开挖

（1）图 3-13 显示联络道 X 方向位移最大值为 2.9mm；联络道 Y 方向位移最大值为 5.1mm；联络道 Z 方向位移最大值为 8.7mm。

（2）联络道 X 方向应力最大值为 0.5MPa；联络道 Y 方向应力最大值为 0.6MPa；联络道 Z 方向应力最大值为 0.8MPa。

（3）联络道与井壁交汇处剪切应变变化显著，但由于支护，变化范围得到了有效控制，变化范围与 −284m、−298m、−312m 水平联络道开挖支护后相同。

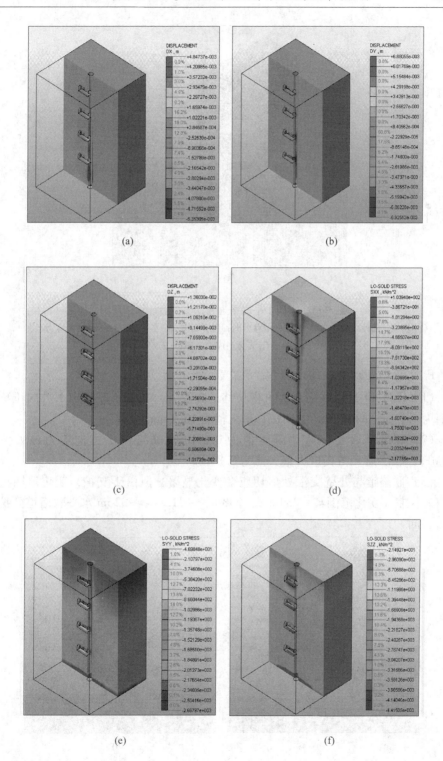

(a)　　　　　　　(b)

(c)　　　　　　　(d)

(e)　　　　　　　(f)

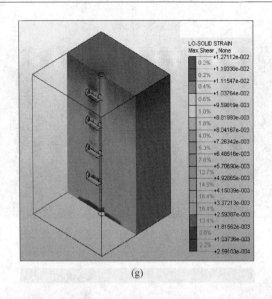

(g)

图 3-13　第四水平联络道开挖支护后计算结果图
（a）X 方向位移云图；（b）Y 方向位移云图；（c）Z 方向位移云图；（d）X 方向应力云图；
（e）Y 方向应力云图；（f）Z 方向应力云图；（g）最大剪切应变云图

F　－340m 水平联络道开挖

（1）图 3-14 显示联络道 X 方向位移最大值为 5.3mm；联络道 Y 方向位移最大值为 6.9mm；联络道 Z 方向位移最大值为 10.1mm。

（2）联络道 X 方向应力最大值为 0.6MPa；联络道 Y 方向应力最大值为 0.7MPa；联络道 Z 方向应力最大值为 0.8MPa。

（3）联络道与井壁交汇处剪切应变变化显著，但由于支护，变化范围得到了有效控制，变化范围与－284m、－298m、－312m、－326m 水平联络道开挖支护后相同。

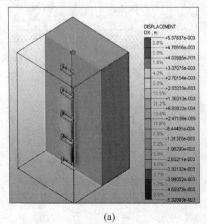

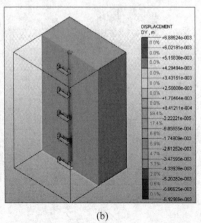

(a)　　　　　　　　　　　　　　　(b)

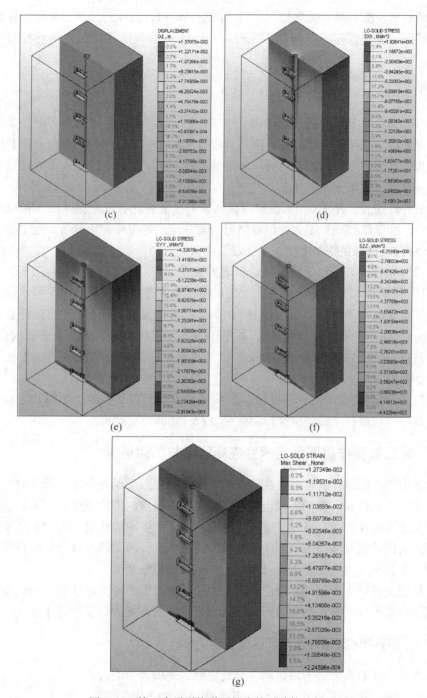

图 3-14 第五水平联络道开挖支护后计算结果图

（a）X 方向位移云图；（b）Y 方向位移云图；（c）Z 方向位移云图；（d）X 方向应力云图；

（e）Y 方向应力云图；（f）Z 方向应力云图；（g）最大剪切应变云图

由模型模拟不同步骤开挖支护后分析结果得出，溜井开挖后，井壁位移影响范围得到了显著控制。不同联络道开挖后，联络道与溜井交汇处位移控制效果显著。

3.1.3 小结

（1）选择某铁矿东区中部 610-Ⅱ 矿石溜井为对象，运用三维有限元数值模拟计算方法，从整体和局部分析溜井和联络巷开挖完成后围岩的应力分布和围岩位移两个方面的力学状态，对分层联络巷连接下采区溜井开挖后变形规律进行了研究，总结出变形敏感区域。

溜井开挖后，井壁 0.3m 范围内位移影响显著变化在几个毫米。不同联络道开挖后，井壁位移变化不大，但联络道与溜井交汇处位移变化显著，范围在上下 1.5m 左右，特别是随深度增加变化逐渐增大。

（2）根据溜井变形敏感区域，提出了加固方案，并进行了稳定性分析。

1）井壁和水平联络道开挖后进行素喷，水泥选用普通矿渣 425 号水泥，浇灌混凝土厚度为 200mm，混凝土标号为 C_{25}。设计锚杆孔下倾 15°，锚杆长度为 1800mm，其中注浆部分 1600mm，外露 200mm。锚杆选用 ϕ18 的普通螺纹钢筋，锚杆布置的密度为 800mm×800mm，位置在水平联络道与溜井井壁交汇处上下 2m 范围。

2）溜井开挖支护后，井壁位移影响范围得到了显著控制。不同联络道开挖后，联络道与溜井交汇处位移控制效果显著，加固方案合理。

3.2 冲击载荷作用下采区溜井破坏区域与加固措施

矿山在采用溜井放矿时，在铲车卸矿作业中，由于现场条件（铲斗的卸载高度受限等）和作业人员的不规范作业，以及矿石自身的不规则流动，难以实现矿石直接进入矿井，会对溜井井壁产生冲击碰撞，产生冲击载荷，因此在井壁上常出现较大的冲击点和冲击沟，使溜井断面逐渐扩大。因此通过理论分析找出破坏区域，并提出合理的加固措施对保证溜井正常使用意义重大。

根据能量守恒和运动学理论确定了溜井卸矿过程冲击破坏区域，对破坏区域提出了合理的加固方案，并采用有限元理论对加固方案进行了稳定性分析。

3.2.1 溜井卸矿过程冲击破坏区域运动学分析

在进行矿石在溜井中的运动学分析之前，先做如下假设：

（1）假设井壁岩体岩性相同，且井壁为平整均匀的直筒；

（2）矿石简化为球形，质量均匀分布；

（3）矿石和井壁均为各向同性弹塑性体；

（4）井壁岩体满足莫尔-库仑准则；

（5）矿石运动状态只考虑平动，不考虑其自身的转动，且矿石做平动时，将矿石看做一个质点。

3.2.1.1 矿石与井壁的初次碰撞分析

假设铲车放矿时，铲车底部与水平面的夹角为 θ，矿石离开铲斗时的初速度为 v_0，L 为溜井井筒的中心轴线，O 为矿石与井壁的第一次冲击点。矿石在溜井中运动时，把沿井筒径向的速度分量定义为法向速度，把沿井壁向下方向的速度分量定义为切向速度，如图 3-15 所示。

矿石离开铲斗后做抛物运动，故矿石在法向和切向的速度分别为：

法向速度分量
$$v_n = v_0\cos\theta \tag{3-1}$$

切向速度分量
$$v_t = v_0\sin\theta + gt \tag{3-2}$$

式中，t 为矿石离开铲斗后运动的时间。

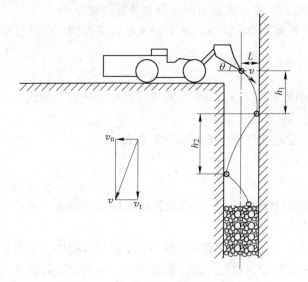

图 3-15 卸矿及矿石运动示意图

矿石与井壁的冲击倾角为：

$$\alpha = \arctan\frac{v_n}{v_t} \tag{3-3}$$

式中，α 为矿石冲击井壁时矿石的速度方向与井壁的夹角。

发生第一次碰撞时，矿石的运动时间为：

$$t = \frac{R}{v_0\cos\theta} \tag{3-4}$$

式中，R 为溜井井筒的半径。

矿石与井壁第一次发生碰撞时，在法向和切向的速度分别为：

法向速度分量： $\qquad (v_1)_n = v_0\cos\theta$ $\qquad\qquad$ (3-5)

切向速度分量： $\qquad (v_1)_t = v_0\sin\theta + \dfrac{Rg}{v_0\cos\theta}$ $\qquad$ (3-6)

冲击倾角： $\quad \alpha_1 = \arctan\dfrac{(v_1)_n}{(v_1)_t} = \arctan\dfrac{v_0\cos\theta}{v_0\sin\theta + \dfrac{Rg}{v_0\cos\theta}}$ $\quad$ (3-7)

3.2.1.2　撞击运动中的恢复系数

根据撞击运动学中对恢复系数的定义，其公式可以表达为：

$$\lambda = \left|\frac{v^+}{v^-}\right| \qquad\qquad (3-8)$$

式中，λ 为恢复系数；v^+，v^- 分别为碰撞后和碰撞前物体的运动速度。

如果 $\lambda = 0$，则此次碰撞为完全非弹性碰撞，若 $\lambda = 1$，则碰撞为完全弹性碰撞，而 $0 < \lambda < 1$ 则是物理实际情况，称为非弹性碰撞。

因此，按照恢复系数的定义，矿石在发生碰撞时的法向恢复系数为：

$$\lambda_n = \frac{v_n^+}{v_n^-} \qquad\qquad (3-9)$$

式中，λ_n 为法向恢复系数；v_n^+ 为矿石发生碰撞后的法向运动速度；v_n^- 为发生碰撞前的法向运动速度。

同理，矿石在碰撞过程中的切向恢复系数为：

$$\lambda_t = \frac{v_t^+}{v_t^-} \qquad\qquad (3-10)$$

式中，λ_t 为切向恢复系数；v_t^+ 为矿石发生碰撞后的切向运动速度；v_t^- 为发生碰撞前的切向运动速度。

众多研究结果表明，恢复系数不仅与发生碰撞两物体的材料、物理力学性质等有关，还与物体运动的速度、冲击角度有关。由于矿石每次冲击井壁的速度和冲击角度都不一样，因此对应的恢复系数也是变化的。

所以矿石第一次冲击井壁时，有：

碰撞后的法向速度：

$$(v_1)_n^+ = (\lambda_1)_n \cdot (v_1)_n^- \qquad\qquad (3-11)$$

碰撞后的切向速度：

$$(v_1)_t^+ = (\lambda_1)_t \cdot (v_1)_t^- \qquad\qquad (3-12)$$

矿石从下落到第一次冲击井壁的时间：

$$t_1 = \frac{R}{v_0\cos\theta} \qquad\qquad (3-13)$$

矿石第一次冲击井壁前下落的垂直间距：

$$h_1 = \frac{\left[(v_1)_t^-\right]^2 - (v_0\sin\theta)^2}{2g} \tag{3-14}$$

冲击倾角：

$$\alpha_1 = \arctan\frac{(v_1)_n^-}{(v_1)_t^-} \tag{3-15}$$

当矿石第二次冲击井壁时，有：

碰撞前的法向速度：

$$(v_2)_n^- = (v_1)_n^+ \tag{3-16}$$

碰撞前的切向速度：

$$(v_2)_t^- = (v_1)_t^+ + gt_2 \tag{3-17}$$

碰撞后的法向速度：

$$(v_2)_n^+ = (\lambda_2)_n \cdot (v_2)_n^- \tag{3-18}$$

碰撞后的切向速度：

$$(v_2)_t^+ = (\lambda_2)_t \cdot (v_2)_t^- \tag{3-19}$$

矿石从第一次碰撞到第二次碰撞的时间间隔：

$$t_2 = \frac{2R}{(v_1)_n^+} \tag{3-20}$$

第一次冲击点到第二次冲击点的垂直间距：

$$h_2 = \frac{\left[(v_2)_t^-\right]^2 - \left[(v_1)_t^+\right]^2}{2g} = \frac{2t_2(v_1)_t^+ + g(t_2)^2}{2} \tag{3-21}$$

其中 $\qquad (v_2)_t^- = (v_1)_t^+ + gt_2$

冲击倾角：

$$\alpha_2 = \arctan\frac{(v_2)_n^-}{(v_2)_t^-} \tag{3-22}$$

3.2.1.3 矿石与井壁任意次的碰撞分析

假设第 i 次冲击前的速度为 v_i，与井壁的冲击夹角为 α_i，对应于本次碰撞的法向恢复系数和切向恢复系数分别为 $(\lambda_i)_n$ 和 $(\lambda_i)_t$，则：

碰撞前的法向速度：

$$(v_i)_n^- = v_i\sin\alpha_i \tag{3-23}$$

碰撞前的切向速度：

$$(v_i)_t^- = v_i\cos\alpha_i \tag{3-24}$$

碰撞后的法向速度：

$$(v_i)_n^+ = (\lambda_i)_n \cdot (v_i)_n^- \tag{3-25}$$

碰撞后的切向速度：

$$(v_i)_t^+ = (\lambda_i)_t \cdot (v_i)_t^- \tag{3-26}$$

矿石从上一次碰撞到本次碰撞的时间间隔：

$$t_i = \frac{2R}{(v_{i-1})_n^+} \tag{3-27}$$

上次冲击点与本次冲击点的垂直间距：

$$h_i = \frac{[(v_i)_t^-]^2 - [(v_{i-1})_t^+]^2}{2g} = \frac{2t_i(v_{i-1})_t^+ + g(t_i)^2}{2} \tag{3-28}$$

冲击倾角：

$$\alpha_i = \arctan \frac{(v_i)_n^-}{(v_i)_t^-} \tag{3-29}$$

3.2.1.4 矿石的碰撞恢复系数

C. Thornton 以 Hertz 接触理论为基础，在假设材料满足理想弹塑特性的基础上，推导了球体法向碰撞恢复系数的计算公式：

$$\lambda_n = \left[\frac{6\sqrt{3}}{5}\left(1 - \frac{1}{6}\frac{v_y^2}{v_n}\right)\right]^{\frac{1}{2}} \cdot \left[\frac{v_y}{v_n}\left(\frac{v_y}{v_n} + 2\sqrt{1.2 - 0.2\frac{v_y^2}{v_n}}\right)\right]^{-1}\right]^{\frac{1}{4}} \tag{3-30}$$

式中，λ_n 为矿石法向碰撞恢复系数；v_n 为矿石法向的冲击速度；v_y 为井壁岩体初始屈服法向冲击速度。

中科院何思明、吴永等人在假设被冲击面满足莫尔-库仑准则的基础上，推导了被冲击面初始屈服法向冲击速度的计算公式：

$$v_y = 18.1 \times \frac{R^{\frac{3}{2}}}{E^2 m^{\frac{1}{2}}}\left(\frac{2C\cos\varphi}{C_{v1} - C_{v2}\sin\varphi}\right)^{\frac{5}{2}} \tag{3-31}$$

其中

$$C_{v1} = \frac{3}{2}(1 + \xi_0^2)^{-1} - (1 + \mu_1)(1 - \xi_0\arctan\xi_0)$$

$$C_{v2} = \frac{1}{2}(1 + \xi_0^2)^{-1} - (1 + \mu_2)(1 - \xi_0\arctan\xi_0)$$

$$\xi_0 = 0.0475 + (1 + \mu_1)\left(\frac{1 - \sin\varphi}{3 + \sin\varphi}\right)$$

$$\frac{1}{E} = \frac{1 - \mu_1^2}{E_1} + \frac{1 - \mu_2^2}{E_2}$$

式中，R 为矿石的半径；E 为等效弹性模量；E_1，μ_1，E_2，μ_2 分别为被冲击面和矿石的弹性模量和泊松比；m 为矿石的质量；C 和 φ 分别为被冲击面的黏聚力和内摩擦角。

同时他们利用冲击力的关系公式推导出切向恢复系数和法向恢复系数的关系为：

$$\lambda_t = 1 - k_u(1 + \lambda_n)\tan\alpha \tag{3-32}$$

式中，λ_t，λ_n 分别为切向和法向恢复系数；k_u 为切向冲击力 F_t 和法向冲击力 F_n 的关系系数，$F_t = k_u F_n$；α 为冲击倾角。

3.2.2 某铁矿采区溜井受矿石冲击实例计算

3.2.2.1 矿山采区铲运机的技术参数和几何尺寸

矿山采区主要的出矿设备为3.0立铲运机，主要技术参数如表3-3所示，其结构尺寸如图3-16所示。

表3-3 铲运机主要技术参数

性　　能		3.0立铲运机
斗容/m³		3.0
车速/km·h⁻¹	一挡	4.7
	二挡	9.5
	三挡	16.4
拐弯半径/mm	内侧	3600
	外侧	4600
外形尺寸/mm	长	9000
	宽	2200
	高	2275

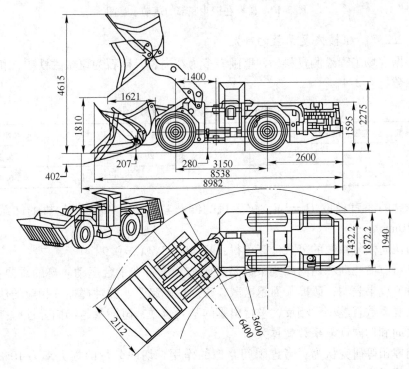

图3-16 铲运机的结构尺寸

假设矿石离开铲斗的速度为 v_0，其大小与铲运机铲斗的结构尺寸和工作状态（主要是铲斗卸载高度和卸载角）有很大的关系。铲运机卸载高度是指铲斗前倾卸载，铲斗斗底与水平成45°时，铲斗刃口（斗尖）距地面的垂直距离；铲运机卸载时，铲斗斗底与水平线的夹角称为卸载角。地下铲运机由于矿岩易于卸净，加之受整机高度的限制及要满足最大卸载高度的要求，故卸载角度一般取40°~45°之间。

把矿石看做质点，沿铲运机的斗底从端头在自重的作用下运动到刃口，假设矿石与铲斗底部的接触面光滑无摩擦，则其运动如图3-17所示。矿石在离开铲斗时的速度为：

$$v = \sqrt{2gl\sin\theta} \tag{3-33}$$

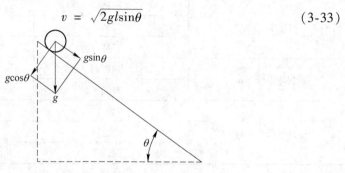

图3-17 矿石在铲斗底部的运动示意图

3.2.2.2 碰撞恢复系数的确定

根据现场工程勘测资料，井壁围岩多为花岗岩，矿石为斑状磁铁矿，相关的计算参数见表3-4。

表3-4 矿石冲击计算参数

力学参数	弹性模量/GPa	泊松比	黏聚力/MPa	内摩擦角/（°）	半径/m	重度/kN·m^{-3}
井壁	2.04	0.27	1.61	29.6	—	25.2
矿石	53.5	0.31	—	—	0.3	36.4

溜井的净直径取 $D = 3$m，铲运机的卸载角度 $\theta = 40°$，铲运机的卸载高度 $h = 1810$mm。

由法向恢复系数的公式计算可得：$\lambda_n = 0.32$，$\lambda_t = 0.92$。

矿石碰撞法向和切向恢复系数是正确估算滚石在平台运动轨迹的重要参数。相关研究成果表明：碰撞平面越松散，碰撞就越趋于非弹性碰撞，相应的法向和切向恢复系数就越小；相反，平台出露的基岩越硬，碰撞就越趋向弹性碰撞，相应的法向和切向恢复系数就越大。

胡厚田等研究认为，考虑瞬间摩擦的作用，切向分量的损失率为10%，即切向恢复系数为0.9；唐红梅认为法向恢复系数可由表3-5确定。铁道部运输局也推荐了法向和切向恢复系数的取值,如表3-6和表3-7所示。

表3-5 推荐的法向恢复系数

平台表层覆盖物的情况	法向恢复系数
基岩外露	0.7
密实的岩块堆积层	0.5
长有草皮的光滑坡面	0.3
松散的堆积层、坡积层等	0.3
基岩埋藏不深的坡面	0.5

表3-6 法向恢复系数(据铁道部运输局)

平台表面特征	法向恢复系数
光滑而坚硬的表面和铺砌面	0.37 ~ 0.43
多数为基岩和砾岩	0.33 ~ 0.37
硬土	0.30 ~ 0.33
软土	0.28 ~ 0.30

表3-7 切向恢复系数(据铁道部运输局)

平台表面特征	切向恢复系数
光滑而坚硬的表面和铺砌面	0.87 ~ 0.98
多数为基岩和无植被覆盖	0.83 ~ 0.87
多数为少量植被覆盖	0.82 ~ 0.85
植被覆盖的斜坡和有稀少植被覆盖的土质	0.80 ~ 0.83
灌木林覆盖的土质	0.78 ~ 0.82

由于溜井井壁为光滑而坚硬的表面,因此对法向系数和切向系数进行修正的结果为:$\lambda_n = 0.40$,$\lambda_t = 0.90$。

3.2.2.3 矿石与井壁碰撞计算结果

影响计算结果的主要因素有:铲运机铲斗卸矿时的倾角、卸矿点距离井壁的距离等。计算主要考虑这两个主要因素,通过改变这两个因素来计算不同情况下冲击点的位置、冲击倾角的大小。铲斗的倾斜角取 $\theta = 10°$ 和 $\theta = 36°$(自然安息角)两个值计算,卸矿点到井壁的距离取井壁中心和卸矿点距离对面井壁2.6m计算。

将各参数代入相应计算式可计算出卸矿冲击范围。第一次冲击的范围大概为井口下 2.4 ~ 6m,第二次冲击的范围为 27.5 ~ 39.3m。

在不同分层卸矿过程中,溜井井壁受冲击部位是移动的,根据前面研究结果得出不同分层放矿过程中溜井井壁破坏的范围,如图3-18所示。

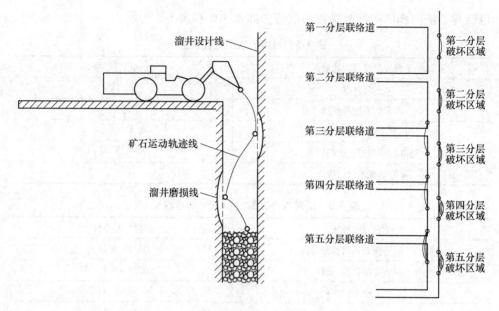

图 3-18　不同分层卸矿溜井井壁破坏范围图

3.2.3　采区溜井冲击破坏加固措施研究

　　采区溜井不同分层卸矿过程中，溜井可能破坏的区域为八部分，因此在采区新建溜井时就采取有针对性的加固措施，将破坏消灭在萌芽状态。研究国内外溜井加固文献结合矿山溜井实际情况选取了橡胶衬板加固方案。

　　橡胶衬板作为一种新型的加固材料引起国内外的普遍关注，瑞典等国在20世纪90年代中期就开始了对橡胶衬板的应用。国内矿山应用此种加固材料要相对晚一些。橡胶衬板是将高耐磨、抗冲力好的橡胶经过硫化高压处理附着在钢骨架上，形成适应不同加固情况的挂件或预埋件。

　　橡胶衬板有如下特点：其一，耐磨性能优良，其耐磨性能是普通钢轨的4~8倍，锰钢板的2~4倍。橡胶衬板的耐磨性能缘于它良好的弹性，当有载荷时，橡胶收缩，当载荷卸掉时，橡胶恢复原状。其二，重量轻，便于安装和维修。橡胶的密度为钢材密度的1/7，同样的加固厚度，其重量约为钢加固构件的1/5，从而大大降低了安装的劳动强度，也提高了安全系数。其三，具有极佳的吸震隔震效果。其四，安装方式多种多样，可采用内螺纹锚杆对橡胶衬板进行锚固，也可根据施工和安装习惯做成外挂式。其五，经济上比较合理。其缺点是抗切割性能较差。橡胶衬板由于其抗撕强度比钢铁要低得多，矿石尖角的高速冲击会形成对橡胶衬板的切割，从而导致其使用寿命缩短。

　　对采区溜井可能破坏的八个区域进行橡胶衬板加固，加固范围，竖向为冲击区域，横向为冲击方向的半个井壁。衬板采用 ϕ20 的锚杆加固，锚杆长1m，锚杆间距 1.5m×1.5m。加固示意图如图 3-19 所示。

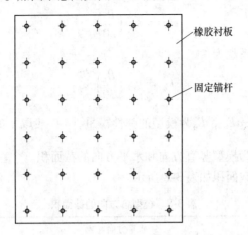

图 3-19 溜井衬板加固示意图

3.2.4 加固方案稳定性分析

采用大型有限元数值模拟软件 Midas/gts 建立了采区溜井三维模型，如图 3-20 所示，并对其采用加固措施后的稳定性和放矿动载下的稳定性进行了模拟分析。

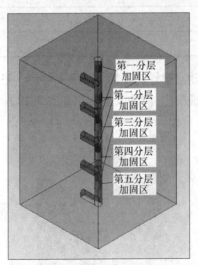

图 3-20 溜井加固三维仿真模型

3.2.4.1 特征值分析

为了得到系统结构的自振频率，首先对其进行特征值分析。为了进行特征值分析，首先要定义模型的约束条件。本节利用弹性边界来定义边界条件，利用设计规范的地基反力系数计算弹簧常量。

模型竖直反力系数为：

$$k_{\text{v}} = k_{\text{v0}} \left(\frac{B_{\text{v}}}{30} \right)^{-3/4} \tag{3-34}$$

模型水平反力系数为：

$$k_{\text{h}} = k_{\text{h0}} \left(\frac{B_{\text{h}}}{30} \right)^{-3/4} \tag{3-35}$$

式中，$k_{\text{v0}} = k_{\text{h0}} = \dfrac{1}{30} aE_0$，$E_0$ 为模型的弹性模量，a 一般取 1.0；$B_{\text{v}} = \sqrt{A_{\text{v}}}$；$B_{\text{h}} = \sqrt{A_{\text{h}}}$；$A_{\text{v}}$ 和 A_{h} 分别为模型竖直方向和水平方向的截面积。

模型各方向的截面积如表 3-8 所示。

表 3-8　模型各方向的截面积　　　　　　　　（m²）

水平方向（X）	水平方向（Y）	竖直方向
3010	3010	1849

将表 3-8 中的参数代入式（3-43）和式（3-44），计算得到竖直地基反力系数和水平地基反力系数，如表 3-9 所示。

表 3-9　模型反力系数　　　　　　　　（t/m³）

k_{h1}	k_{h2}	k_{v}
800	800	1200

通过模型反力系数建立弹性约束后（见图 3-21），进行特征值工况分析可得到模型的特征值振型。模型 10 阶的自振频率如表 3-10 所示。

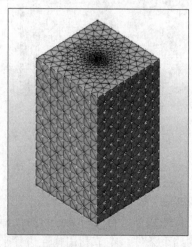

图 3-21　溜井动荷载模拟弹性约束模型图

表 3-10 模型特征值分析结果

振型阶数	自振频率	圆频率
1	0.6344	3.9586
2	0.7568	4.7222
3	1.0094	6.2984
4	1.3287	8.2910
5	1.7829	11.1253
6	2.8789	17.9645
7	3.9954	24.9312
8	6.2114	38.7589
9	6.2872	39.2322
10	6.4932	40.5173

由表 3-10 计算结果可以知道模型的前两阶自振频率为 0.6344 和 0.7568，则其相应的圆频率，即 $\omega_1 = 3.9586$，$\omega_2 = 4.7222$。由 ω_1 和 ω_2 的值可得到模型的阻尼参数值：$\alpha = 0.2168$，$\beta = 0.0114$。

3.2.4.2 动荷载分析

在此模型中，为进行移动荷载的动力模拟分析，本节利用吸收边界代替弹簧来定义边界条件。为了定义吸收边界，在模型特性值的 X，Y，Z 方向输入阻尼。计算阻尼的公式如下：

P 波
$$C_p = \rho A \sqrt{\frac{\lambda + 2G}{\rho}} = c_p A \qquad (3-36)$$

S 波
$$C_s = \rho A \sqrt{\frac{G}{\rho}} = c_s A \qquad (3-37)$$

式中，$\lambda = \dfrac{\mu E}{(1 + \mu)(1 - 2\mu)}$；$G = \dfrac{E}{2(1 + 2\mu)}$；$E$ 为弹性模量；μ 为泊松比；A 为截面积。

Midas/gts 里输入阻尼时，由于程序自动计算各单元的截面积，所以只输入 c_p、c_s 阻尼系数即可，通过计算阻尼系数 $c_p = 320.56$、$c_s = 193.8$。

动力载荷选择速度输入。时间控制为 16s，每步控制为 0.005s，输入数据为 3200 组。第一分层卸矿的冲击破坏区域模拟模型，载荷加载位置如图 3-22 所示。

提取溜井冲击荷载下冲击点的位移云图、应力云图和加速度云图（见图 3-23 ~ 图 3-31），为了清晰地观察其冲击程度，提取模型的 X 正负两个方向的剖面图。

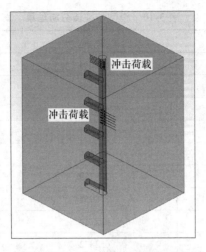

图 3-22　溜井动荷载模拟模型图

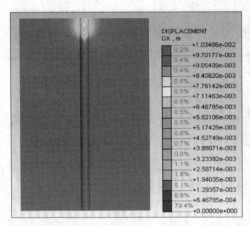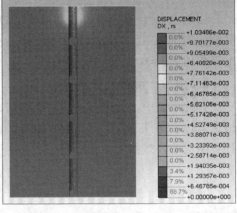

图 3-23　X 方向位移云图

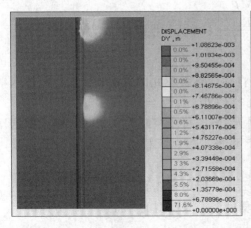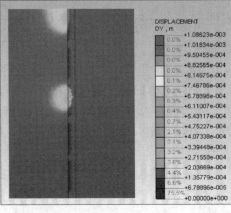

图 3-24　Y 方向位移云图

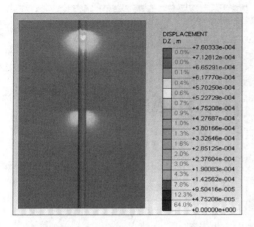
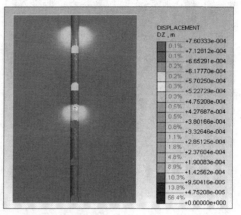

图 3-25 Z 方向位移云图

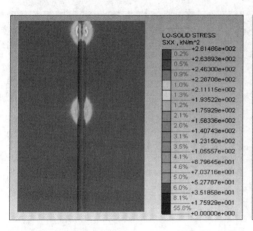
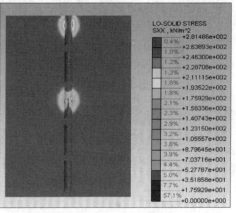

图 3-26 X 方向应力云图

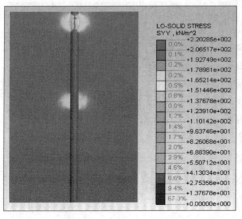
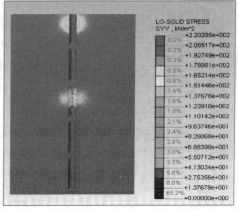

图 3-27 Y 方向应力云图

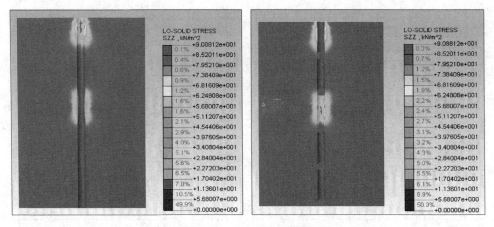

图 3-28　Z 方向应力云图

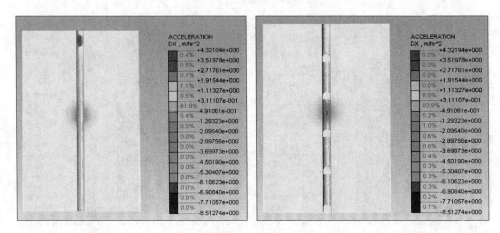

图 3-29　X 方向加速度云图

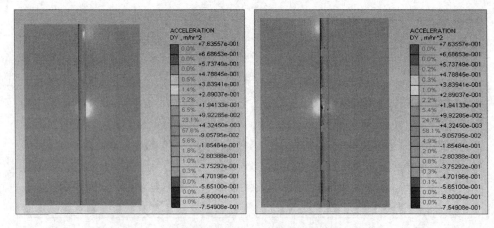

图 3-30　Y 方向加速度云图

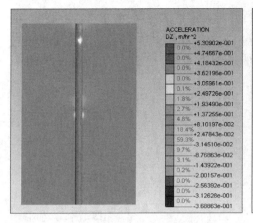 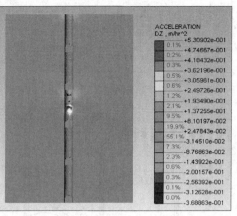

图 3-31　Z 方向加速度云图

由模拟结果可以看出，冲击点处的位移、应力和加速度变化明显，影响范围在 0.2m 左右，在水平冲击方向和竖直方向影响范围较大。

图 3-23、图 3-24 和图 3-25 分别给出溜井冲击荷载下围岩位移变化情况，水平方向只有冲击点位置受到了影响，竖直方向影响范围较大。图 3-23 显示井壁 X 方向位移最大值为 10.3mm，位于第一冲击区域；图 3-24 显示井壁 Y 方向位移最大值为 1.1mm，位于第二冲击区域；图 3-25 显示井壁 Z 方向位移最大值为 0.7mm，位于第二冲击区域。

图 3-26、图 3-27 和图 3-28 分别给出溜井冲击荷载下围岩应力变化情况，三个方向应力变化只有在冲击点处受到了影响，都在零点几个兆帕。

图 3-29、图 3-30 和图 3-31 分别给出溜井冲击荷载下围岩加速度变化情况。图 3-29 显示井壁 X 方向加速度最大值为 4.3m/s^2，位于第一冲击区域；图 3-30 显示井壁 Y 方向加速度最大值为 5.7m/s^2，位于第二冲击区域；图 3-31 显示井壁 Z 方向加速度最大值为 5.3m/s^2，位于第二冲击区域。

3.3　典型垮冒溜井加固方案

某铁矿 610 下盘矿石溜井位于矿东区矿体中部，负责 -270m 水平到 -340m 水平 Ⅱ 号矿体，第 10 条穿脉覆盖的矿石运输任务，如图 3-32 所示。该部位矿石品位较高，即是该矿的富矿区，此溜井负责矿石任务为 60 万吨左右。由于溜井位置岩体较破碎，且溜井开挖后未进行支护，导致溜井投入使用后不久就出现了冒落。大范围的垮冒，致使溜井无法放矿，严重影响了本穿脉的矿石回采，同时导致了相邻穿脉矿体的开采计划。因此，该溜井的恢复加固工作刻不容缓。

3.3.1　溜井垮冒概况

610-Ⅱ矿石溜井负责矿山第六中段 -270m 水平到 -340m 水平Ⅱ号矿体 10 号

穿脉覆盖的矿体。此中段分5个水平进行开采，依次为 –284m 水平、–298m 水平、–312m 水平、–326m 水平和 –340m 水平。开拓系统形成后，溜井开始投入使用，下放矿石仅 –284m 水平回采矿体的1/3时，就出现了垮冒（见图3-33）。

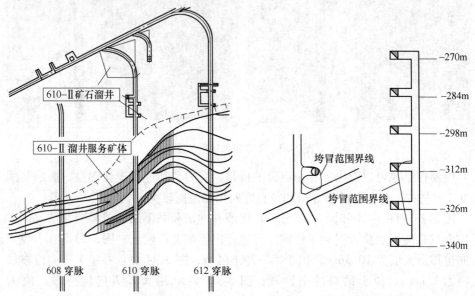

图 3-32　610-Ⅱ矿石溜井位置图　　　图 3-33　610-Ⅱ矿石溜井垮冒现状图

溜井 –312m 水平垮冒范围最大，南北最大处11m，东西最大8m，且与放矿联络道和运输巷道连通；在竖直方向上垮冒长度为24m，向上至 –312m 水平以上4m，向下至 –326m 水平以下6m。

3.3.2　溜井破坏形式与原因分析

3.3.2.1　破坏形式

610-Ⅱ矿石溜井的主要破坏形式及功能丧失主要表现在：井壁垮冒，井筒直径扩大；溜井联络道破坏。

3.3.2.2　破坏原因分析

（1）采区溜井围岩松软、破碎，稳固性较差是造成垮冒的内在原因。

（2）溜井不支护或支护强度等级不够。溜井一般不采取支护措施，即使采取也只不过是简单的素喷混凝土或锚喷网支护，这对于矿岩条件较好的地段是可行的，但对于矿岩破碎、整体强度较低的地段，显然这种方法支护的溜井其强度等级无法达到使用的要求。

（3）设计本身存在一定问题，主要体现在溜井断面尺寸过小。根据冶金矿山设计规范，溜井直径 $D \geqslant kd_{max}$，其中，k 为溜井通过系数，$k = 4 \sim 5$；d 为进入溜井的最大矿石块度，一般矿山规定 $d_{max} = 0.6\,m$，故溜井的直径应大于 $2.4\,m$。但设计的溜井直径只有 $2.0\,m$ 左右，尺寸明显偏小。加之实际生产中矿石的块度往往超过规定的 $0.6\,m$，这样势必加重了矿石对溜井壁的冲击破坏程度。

（4）人为因素：溜井管理执行不到位。

（5）环境因素：井壁湿度大，围岩裂隙发育。

（6）外力作用：放矿过程中对井壁撞击；堵塞时处理方法不当。

3.3.3 支护方案设计

该溜井支护设计有两种方案：吊罐法和渣面法（见图3-34）。两种方案对比如图3-35所示。经比较用渣面法搭建平台后，工人作业安全，设备摆放平稳，提高了工人的作业效率。

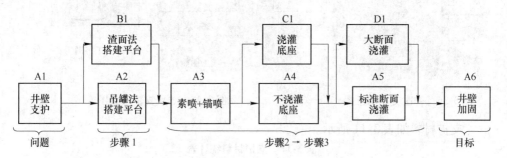

图 3-34 支护方案图

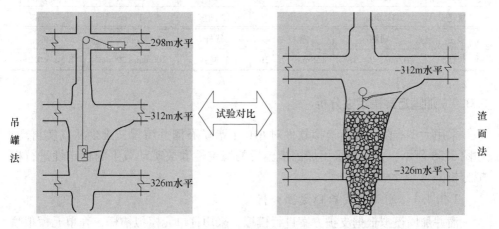

图 3-35 方案对比图

支护采用初次支护（素喷＋锚喷支护）与二次支护（钢筋混凝土支护）。

初次支护：自上而下先喷浆，再锚喷。喷浆厚度不小于 $30\,mm$，锚杆间距 $1\,m$。井壁围岩得到初步加固，稳定性提高，为后续施工提供了安全保障，初次支护示意图如图 3-36 所示。

二次支护：自下而上先浇灌底座，再进行钢筋混凝土浇灌。为降低浇灌成本，采用大断面浇灌（浇灌厚度不小于600mm）。围岩通过由圆钢、工字钢、钢纤维等组成的骨架与混凝土结合成整体，形成新的高强度井壁，二次支护示意图如图 3-37 所示。

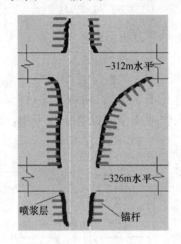

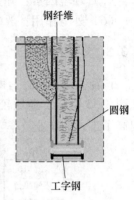

图 3-36   初次支护示意图   图 3-37   二次支护示意图

支护材料如表 3-11 所示。

表 3-11   支护材料统计表

项目	水泥	沙子	石子	工字钢	钢纤维
规格	42.5mp	中	13 细度	1.5m	30mm
项目	圆钢	螺纹钢	锚杆	钢筋网	木板
规格	$\phi 32mm$，$L=2m$	$\phi 18mm$，$L=2m$	管缝式	200mm×200mm	1.5m×0.2m

3.3.4   加固方案稳定性分析

采用大型有限元数值模拟软件对610下盘矿石溜井垮冒三维现状真实再现，如图 3-38 所示，并对其采用加固措施后的稳定性和放矿动载下的稳定性进行模拟分析。

3.3.4.1   溜井加固后稳定性分析

溜井加固模拟根据支护方案进行模拟，采用杆单元模拟锚杆，壳单元模拟喷层，溜井垮冒三维网格图如图 3-39 所示，支护网格图如图 3-40 所示。

溜井垮冒支护稳定性分析模拟的步骤是：首先模拟溜井和联络道开挖后的应力状态，然后是溜井垮冒，最后是溜井支护。

提取溜井垮冒区支护后的位移云图和应力云图（见图 3-41～图 3-46），分析

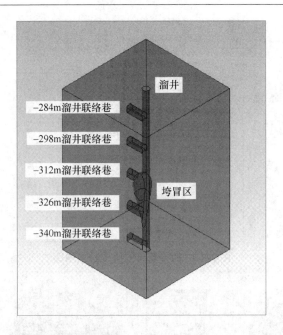

图 3-38 溜井垮冒三维仿真模型

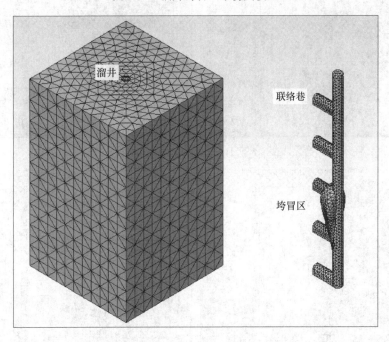

图 3-39 溜井垮冒三维网格图

其支护的稳定性。为了清晰地观察溜井垮冒区支护后的位移云图和应力云图，提取模型的 X、Y 两个方向的剖面图。

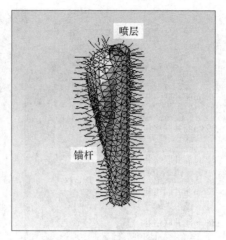

图 3-40　溜井垮冒三维支护网格图

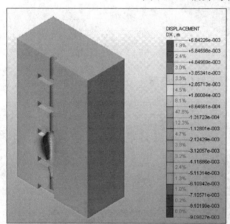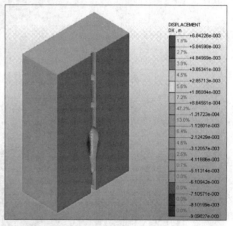

图 3-41　X 方向位移云图

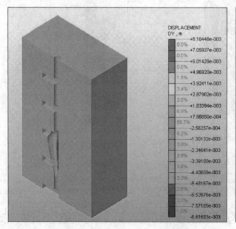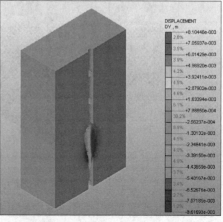

图 3-42　Y 方向位移云图

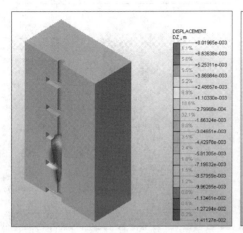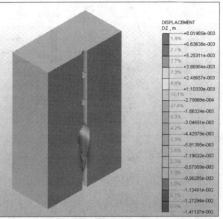

图 3-43 Z 方向位移云图

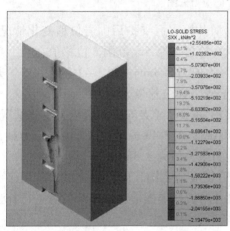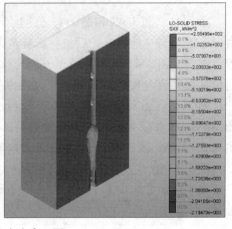

图 3-44 X 方向应力云图

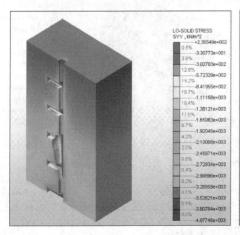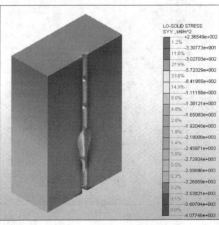

图 3-45 Y 方向应力云图

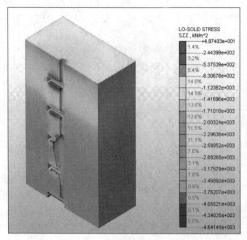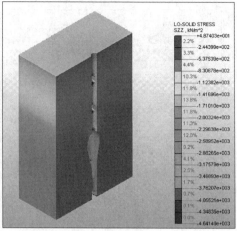

图 3-46　Z 方向应力云图

图 3-41、图 3-42 和图 3-43 分别给出溜井垮冒区支护后围岩位移变化情况。由图分析知溜井垮冒支护后位移影响范围为垮冒区 0.5m 范围，位移值在几个毫米范围内。图 3-41 显示井壁 X 方向位移最大值为 6.8mm；图 3-42 显示井壁 Y 方向位移最大值为 8.1mm；图 3-43 显示井壁 Z 方向位移最大值为 14mm。

图 3-44、图 3-45 和图 3-46 分别给出溜井垮冒区支护后围岩应力变化情况。图 3-44 显示井壁 X 方向应力最大值为 2.0MPa；图 3-45 显示井壁 Y 方向应力最大值为 3.8MPa；图 3-46 显示井壁 Z 方向应力最大值为 4.3MPa。

图 3-47 给出溜井垮冒区支护后最大剪切应变云图，由图看出最大剪切应变主要发生在溜井垮冒上下方位置，因此溜井垮冒区加固应对这两个位置进行补强处理。

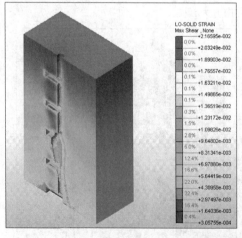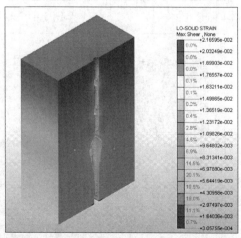

图 3-47　最大剪切应变云图

3.3.4.2　溜井加固后放矿动载下稳定性分析

在采用溜井卸矿的过程中，矿石流会对溜井的井壁进行不断的冲击和磨蚀，给井壁造成破坏，对井壁稳定性有巨大的影响。溜井加固后动荷载数值模拟模型如图 3-48 所示。

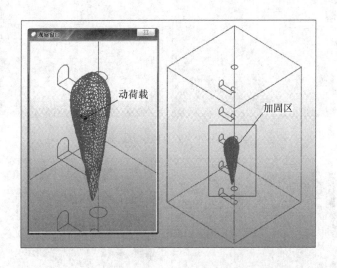

图 3-48　溜井动荷载数值模拟模型图

提取溜井垮冒区冲击荷载下冲击点的位移云图、应力云图和加速度云图（见图 3-49 ~ 图 3-57），为了清晰地观察其冲击程度，提取模型的 X、Y 两个方向的剖面图。

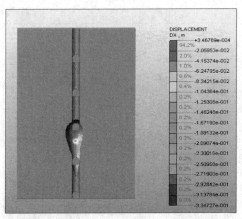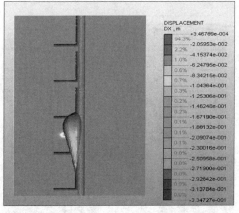

图 3-49　X 方向位移云图

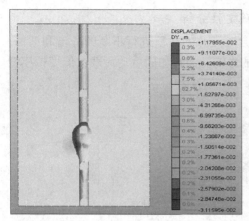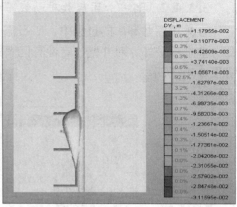

图 3-50　Y 方向位移云图

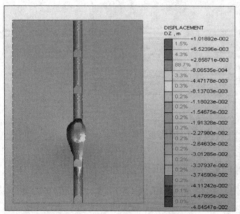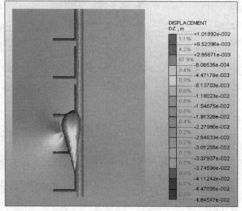

图 3-51　Z 方向位移云图

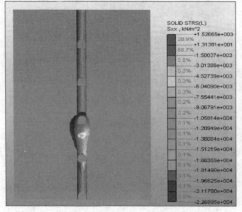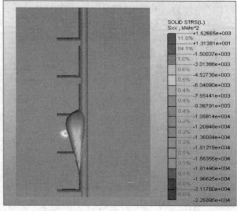

图 3-52　X 方向应力云图

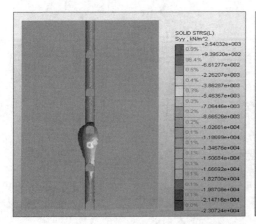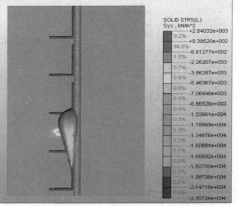

图 3-53　Y 方向应力云图

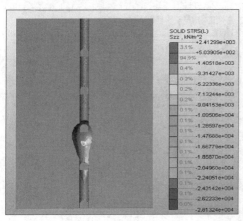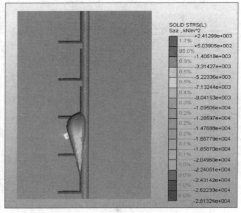

图 3-54　Z 方向应力云图

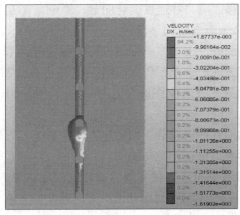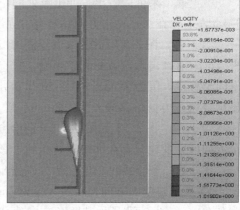

图 3-55　X 方向速度云图

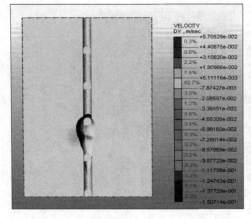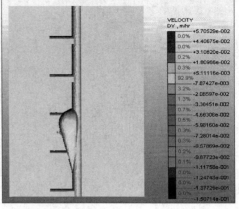

图 3-56　Y 方向速度云图

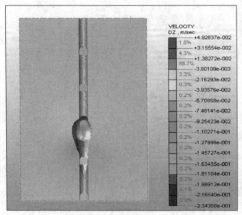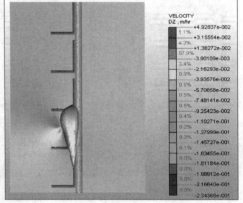

图 3-57　Z 方向速度云图

由模拟结果可以看出，冲击点处的位移、应力和速度变化明显，影响范围在 0.3m 左右，在水平冲击方向和竖直方向影响范围较大。

图 3-49、图 3-50 和图 3-51 分别给出溜井冲击荷载下围岩位移变化情况，水平方向只有冲击点位置受到了影响，竖直方向影响范围较大。图 3-49 显示井壁 X 方向位移最大值为 21mm；图 3-50 显示井壁 Y 方向位移最大值为 15mm；图 3-51 显示井壁 Z 方向位移最大值为 26mm。

图 3-52、图 3-53 和图 3-54 分别给出溜井冲击荷载下围岩应力变化情况，三个方向应力变化只有在冲击点处受到了影响，都在几个兆帕。

图 3-55、图 3-56 和图 3-57 分别给出溜井冲击荷载下围岩加速度变化情况。图 3-55 显示井壁 X 方向速度最大值为 7m/s；图 3-56 显示井壁 Y 方向速度最大值为 0.6m/s；图 3-57 显示井壁 Z 方向速度最大值为 9m/s。

4 地下矿山巷道开挖与支护工程稳定性研究

随着社会的发展，人类对矿产资源的需求越来越大，其表现为矿山开采深度越来越深，开挖空间越来越大，开采地质条件越来越复杂。而随着对矿产资源需求的日益增大，矿山生产过程中的各类安全工作也变得更加复杂，其中，采矿巷道的安全问题也日益突出。虽然近年来岩土工程技术取得了很大的进展，但国内外仍有大量矿山伤亡事故的报道，给人身安全带来巨大威胁，给资源与经济造成巨大损失。因此，如何保持巷道围岩稳定，解决工程的支护问题并使其达到服务周期要求，一直是矿山岩石力学工作者长期关注并投入大量精力去不断研究的一道难题。

但由于矿山开采的特殊性，如工程地点具有无选择性、工作面狭窄等，因此需要解决各种各样复杂地质条件下的施工问题。同时，对于一个支护系统来说，支护结构的安全性、支护成本及支护带来的经济效益三个方面应当是相互关联的。支护结构的安全性越大，就意味着支护成本的增加和效益的降低。显然，对一个具体的工程支护来说，不仅要考虑支护在技术上的可行性，还必须考虑支护成本和由支护带来的效益。若能定量地确定这种关系，就有助于确定是否需要附加支护及选择最合适的支护系统。

因此，如何在排除人为隐患的前提下，对影响矿山井下围岩稳定性全面系统的研究，为矿山围岩巷道的支护提供从巷道施工前的地质工作方法、围岩的预加固到巷道开挖后的临时、永久支护方案体系，解决目前矿山在围岩巷道的施工支护中所存在的技术难题，实现对井下不同围岩的支护方式进行合理分类与控制，以减少灾害的发生，对矿山的安全生产具有重要的理论意义和实用价值。

4.1 工程概况与变形特征调查

4.1.1 工程概况

武钢某矿山是建于 1958 年的老矿山，随着开采规模的不断扩大和开采深度的不断加深，采场巷道的破坏情况比较严重，各水平都发生过不同程度的冒顶和侧墙破坏，局部采区形成高压区，造成大量矿石不能够回收，严重影响安全和生产。这些破坏除了与围岩和矿石的特性以及地压有关系外，还与生产中的支护效果有着直接的关系。如何合理地进行支护设计一直是矿山研究的难题。

　　矿山地质结构复杂，条件较差，矿体内大小断层纵横交错，采准巷道通过的矿岩有闪长岩、花岗岩、闪长玢岩、石英长石斑岩、硅卡岩、块状磁铁矿和粉矿等；矿区构造也极为复杂，北西西向的山字形构造是矿区的主干构造，它控制着岩体产状以及硅卡岩和铁矿体的分布。新华夏构造则复合在山字形构造之上，继承山字形构造北北东向张性结构面而发展，并对山字形北北西向压性结构面发生张性改造。构造形迹的表现形式主要为断层和裂隙。

　　巷道是无底柱采场最主要的采矿工程，也是围岩环境较差的地下工程。在矿岩破碎、地层压力大的矿山，巷道的变形破坏往往是地压显现最明显的标志之一。大型的地下矿山巷道数量高达数万米，由于受多种因素的影响，巷道的压力显现一直比较剧烈，几乎100%的巷道均采用了不同强度的支护。巷道的破坏乃至整个采区破坏无法回采是矿山开采过程中非常棘手的问题。

4.1.2　巷道支护设计

　　（1）大断面采准巷道支护施工图如图4-1～图4-5所示。

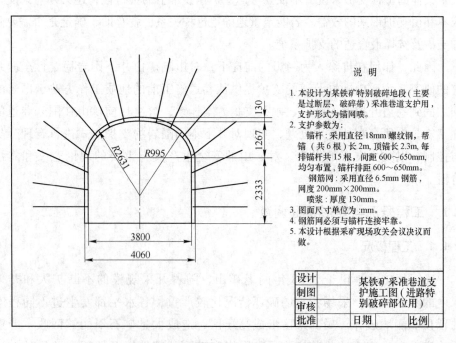

说　明

1. 本设计为某铁矿特别破碎地段（主要是过断层、破碎带）采准巷道支护用，支护形式为锚网喷。
2. 支护参数为：
   锚杆：采用直径18mm螺纹钢，帮锚（共6根）长2m，顶锚长2.3m，每排锚杆共15根，间距600～650mm，均匀布置，锚杆排距600～650mm。
   钢筋网：采用直径6.5mm钢筋，网度200mm×200mm。
   喷浆：厚度130mm。
3. 图面尺寸单位为：mm。
4. 钢筋网必须与锚杆连接牢靠。
5. 本设计根据采矿现场攻关会议决议而做。

设计		某铁矿采准巷道支护施工图（进路特别破碎部位用）
制图		
审核		
批准		
	日期	比例

图4-1　进路特别破碎巷道支护施工图

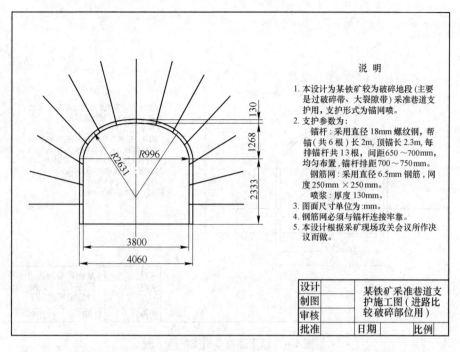

说 明

1. 本设计为某铁矿较为破碎地段(主要是过破碎带、大裂隙带)采准巷道支护用,支护形式为锚网喷。
2. 支护参数为:
   锚杆:采用直径18mm螺纹钢,帮锚(共6根)长2m,顶锚长2.3m,每排锚杆共13根,间距650～700mm,均匀布置,锚杆排距700～750mm。
   钢筋网:采用直径6.5mm钢筋,网度250mm×250mm。
   喷浆:厚度130mm。
3. 图面尺寸单位为mm。
4. 钢筋网必须与锚杆连接牢靠。
5. 本设计根据采矿现场攻关会议所作决议而做。

设计		某铁矿采准巷道支护施工图(进路比较破碎部位用)
制图		
审核		
批准	日期	比例

图4-2 进路比较破碎巷道支护施工图

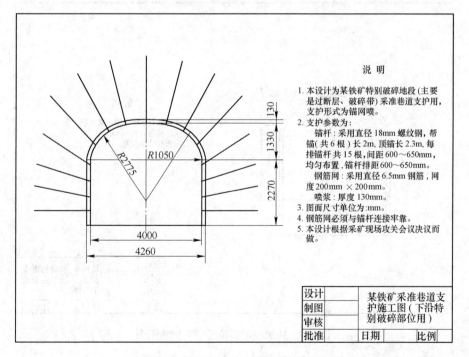

说 明

1. 本设计为某铁矿特别破碎地段(主要是过断层、破碎带)采准巷道支护用,支护形式为锚网喷。
2. 支护参数为:
   锚杆:采用直径18mm螺纹钢,帮锚(共6根)长2m,顶锚长2.3m,每排锚杆共15根,间距600～650mm,均匀布置,锚杆排距600～650mm。
   钢筋网:采用直径6.5mm钢筋,网度200mm×200mm。
   喷浆:厚度130mm。
3. 图面尺寸单位为:mm。
4. 钢筋网必须与锚杆连接牢靠。
5. 本设计根据采矿现场攻关会议决议而做。

设计		某铁矿采准巷道支护施工图(下沿特别破碎部位用)
制图		
审核		
批准	日期	比例

图4-3 下沿特别破碎巷道支护施工图

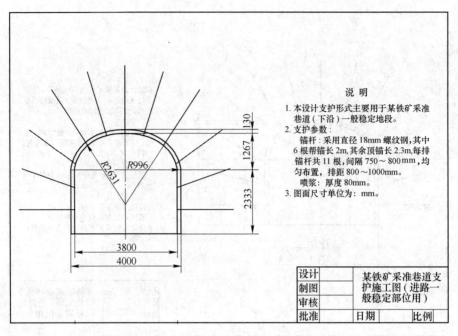

说 明

1. 本设计支护形式主要用于某铁矿采准巷道（下沿）一般稳定地段。
2. 支护参数：
   锚杆：采用直径 18mm 螺纹钢，其中 6 根帮锚长 2m，其余顶锚长 2.3m，每排锚杆共 11 根，间隔 750～800mm，均匀布置，排距 800～1000mm。
   喷浆：厚度 80mm。
3. 图面尺寸单位为：mm。

设计		某铁矿采准巷道支护施工图（进路一般稳定部位用）
制图		
审核		
批准		日期 比例

图 4-4　稳定部位巷道支护施工图

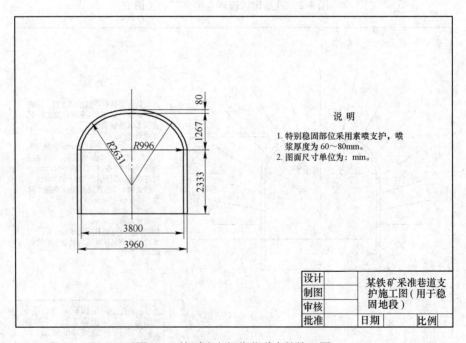

说 明

1. 特别稳固部位采用素喷支护，喷浆厚度为 60～80mm。
2. 图面尺寸单位为：mm。

设计		某铁矿采准巷道支护施工图（用于稳固地段）
制图		
审核		
批准		日期 比例

图 4-5　特别稳定部位巷道支护施工图

（2）小断面采准巷道支护施工图如图 4-6～图 4-9 所示。

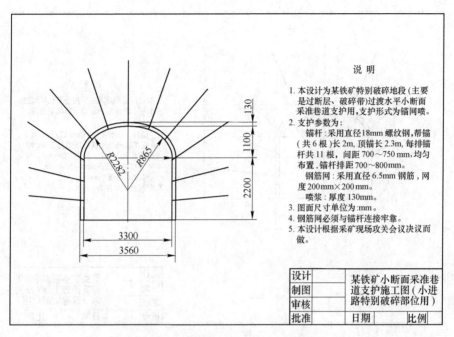

说 明

1. 本设计为某铁矿特别破碎地段(主要是过断层、破碎带)过渡水平小断面采准巷道支护用,支护形式为锚网喷。
2. 支护参数为:
   锚杆:采用直径18mm螺纹钢,帮锚(共6根)长2m,顶锚长2.3m,每排锚杆共11根,间距700~750mm,均匀布置,锚杆排距700~800mm。
   钢筋网:采用直径6.5mm钢筋,网度200mm×200mm。
   喷浆:厚度130mm。
3. 图面尺寸单位为:mm。
4. 钢筋网必须与锚杆连接牢靠。
5. 本设计根据采矿现场攻关会议决议而做。

设计		某铁矿小断面采准巷道支护施工图(小进路特别破碎部位用)
制图		
审核		
批准		日期	比例

图 4-6 小进路特别破碎部位巷道支护施工图

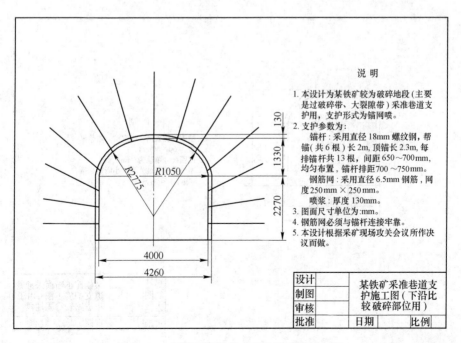

说 明

1. 本设计为某铁矿较为破碎地段(主要是过破碎带、大裂隙带)采准巷道支护用,支护形式为锚网喷。
2. 支护参数为:
   锚杆:采用直径18mm螺纹钢,帮锚(共6根)长2m,顶锚长2.3m,每排锚杆共13根,间距650~700mm,均匀布置,锚杆排距700~750mm。
   钢筋网:采用直径6.5mm钢筋,网度250mm×250mm。
   喷浆:厚度130mm。
3. 图面尺寸单位为:mm。
4. 钢筋网必须与锚杆连接牢靠。
5. 本设计根据采矿现场攻关会议所作决议而做。

设计		某铁矿采准巷道支护施工图(下沿比较破碎部位用)
制图		
审核		
批准		日期	比例

图 4-7 小进路下沿比较破碎巷道支护施工图

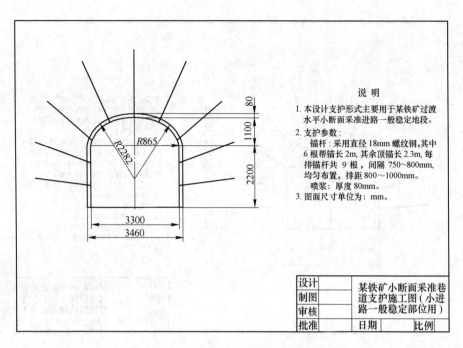

说　明

1. 本设计支护形式主要用于某铁矿过渡
   水平小断面采准进路一般稳定地段。
2. 支护参数：
   　锚杆：采用直径 18mm 螺纹钢，其中
   6 根帮锚长 2m，其余顶锚长 2.3m，每
   排锚杆共 9 根，间隔 750~800mm，
   均匀布置，排距 800～1000mm。
   　喷浆：厚度 80mm。
3. 图面尺寸单位为：mm。

设计		某铁矿小断面采准巷
制图		道支护施工图（小进
审核		路一般稳定部位用）
批准		日期		比例	

图 4-8　小进路一般稳定部位巷道支护施工图

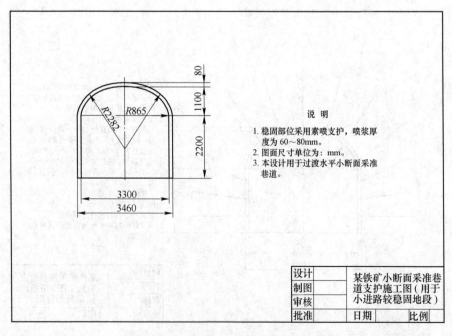

说　明

1. 稳固部位采用素喷支护，喷浆厚
   度为 60～80mm。
2. 图面尺寸单位为：mm。
3. 本设计用于过渡水平小断面采准
   巷道。

设计		某铁矿小断面采准巷
制图		道支护施工图（用于
审核		小进路较稳固地段）
批准		日期		比例	

图 4-9　小进路较稳定部位巷道支护施工图

4.1.3 巷道变形调查

矿山矿体赋存条件十分复杂,夹石、夹层及断层纵横交错穿插矿体,矿岩极其软弱破碎,加之受到地下水的影响,巷道的稳定程度有所降低,采用的支护难以承受剧烈的地压活动,大部分支护发生不同程度的破坏和失效,从而引起巷道垮冒。根据对 – 290m、– 302m、– 316m、– 330m 四个水平近 25500m 巷道的调查统计,垮冒破坏巷道达 2200 多米,破坏率近 10%。其中垮冒封顶点达 26 处,影响回采矿块有 8 个。

现场巷道破坏调查发现,采场巷道的破坏形式主要如下。

4.1.3.1 无支护巷道破坏形式

对于无支护巷道,其破坏形式主要有冒落、片帮、漏底三种情况。

A 冒落

无支护巷道冒落破坏形式如图 4-10 所示。该种类型破坏是最常见的,也是最多的一种破坏类型。冒落多发生在掘进过程中,又都出现在粉矿和硅卡岩破碎带中,遇到这种围岩,支护稍一拖后,即开始发生不断的垮冒。

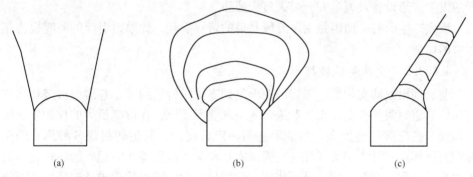

图 4-10 无支护巷道冒落破坏形式

(a) 筒状冒落;(b) 拱形冒落;(c) 带状槽形不规则冒落

冒落可分为以下三种情况:

(1) 筒状冒落。如图 4-10 (a) 所示,该种冒落是围岩一经暴露,即时发生连续不断的垮冒,其顶板不能形成暂时稳定的拱形顶板,而是以筒状形向上连续发展,如在冒落点连续出碴,冒落高度可发展到数十米,将数个分段连通。采场巷道的漏底现象多是由此种冒落引起,这种冒落在纯粉矿中多见。

(2) 拱形冒落。如图 4-10 (b) 所示,该种冒落是以平衡拱失稳的形式向上逐步发展形成的,初期冒落高度一般为 2~4m,并有一定的间歇自稳期,当受到爆破扰动或存在时间稍长时,会断续向上发展,直至冒堵。这类冒落多发生在粉矿和块加粉状矿体中,掘进中如能及时支护则可防止出现这样的冒落。

（3）带状槽形不规则冒落。如图 4-10（c）所示，该种冒落形式多呈不规则形状，有条带形、槽形和偏斜拱形。冒落往往受断层节理控制，沿这些弱面向上抽冒，冒落高度有的可达 10 余米。这种形式的冒落主要发生在矿岩接触破碎带、硅卡岩软弱带与闪长玢岩夹层中。如东区 −330m 水平 21 号、22 号，−344m 水平 13 号、14 号等进路。

B　片帮

此种冒落基本特征是顶板或侧帮围岩呈块状沿节理裂隙面垮落。这种垮冒是间断性的，如不及时支护可发展成大型垮冒。矿山东区角岩、块状矿石和石英闪长岩体中巷道多为此种类型破坏。

C　漏底

矿山西区在形成过程中或在形成之后，受到溶蚀、淋滤、冲刷等多种物理化学及构造运动的影响，在矿体内产生大量空洞群，已发现的溶洞面积达 100m^2，延深达数十米，这些溶洞中有的充填粉砂矿，有的为空腔。当巷道位于其上或穿越空洞时，巷道会发生底板沉陷和垮冒。出现漏底部位在西区采场内达数十处。−360m 水平 19 号、22 号进路具有典型的空洞。溶洞的存在导致了巷道底漏与垮冒的发生，给设备及人身安全带来极大威胁。

漏底产生的另一原因是由下分段巷道的垮冒引起，此原因引起的漏底也占相当大的比例。

4.1.3.2　支护巷道破坏形式

巷道掘出立即支护后，围岩的变形受到支护结构的约束，巷道变形破坏形式与裸体巷道有明显差别。支护巷道首先呈现变形地压，在形变压力的作用下，围岩与支架的变形逐渐加大，当变形达到一定程度后，巷道便出现各种形式的破坏。其破坏形式与支护形式和支架强度密切相关，特别是在临近矿区或进路以及上水平开采到对应部位后，破坏作用十分明显，大爆破以后造成巷道坍塌、金属支护完全破坏的情况很普遍。支护巷道破坏主要为片帮破坏和顶板垮冒破坏，其主要破坏特征如下所述。

A　巷道两帮压剪破坏

如图 4-11 所示，位于支承压力带中的巷道围岩不仅承受崩落区形成的支承压力，而且由于退采引起的应力与支承压力叠加，其应力峰值一般是原岩应力的 2～3 倍，最高可达 4 倍，其应力已超过矿体围岩的抗压强度，使处于压应力状态下的两帮岩体压坏和垮落，垮落厚度一般为 0.3～1.0m。

该形式破坏较为普遍，占了巷道破坏量的 70% 以上。破坏时两边墙先出剪切错动鼓裂，采用锚喷支护巷道的喷层剥落，锚杆在离巷道壁面 300～400mm 的部位被错断，使巷道的跨度增大，继而引起顶板冒落，如图 4-11（b）和图 4-11（c）所示；采用混凝土浇灌支护的巷道拱顶出现纵向裂缝，两帮混凝土墙鼓裂挤出，如图 4-11（e）所示；采用钢拱架支护时，其两侧的工字钢被压弯变形，导致顶板冒落，如图 4-11（d）所示。侧帮片垮破坏以左帮最为严重。

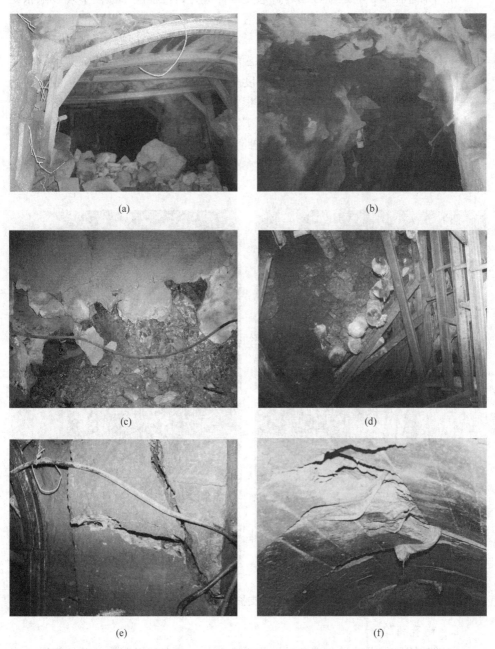

图 4-11　采准巷道破坏的主要形式

（a）顶板垮冒；（b）锚喷支护的侧帮片垮；（c）锚喷网支护的侧帮鼓裂；

（d）钢拱架支护破坏；（e）混凝土侧帮纵向开裂；（f）混凝土顶板开裂

B　顶板拉伸破坏垮冒

在回采过程中，巷道顶板围岩普遍受拉伸应力，拉伸应力促使节理裂隙张开引起围岩的松脱垮落或沿弱面的滑移脱落。

该种破坏大都发生在断层破碎带、软弱夹层带、矿岩接触带和粉状矿体中，如图4-11（f）所示，是以这些软弱岩层为突破点逐渐发展形成的。其垮冒空间形状受控于这些破碎松软带的倾角、宽度及走向展布，垮冒最高位置一般偏向巷道一侧。这种破坏一旦发生，垮冒高度很快超过3m以上，并将巷道封堵，严重者垮冒矿岩可与上分段巷道接通。垮冒矿岩的块度一般呈碎裂状，但也有呈大块的地段，如-290m水平39号、40号进路。

除上述两种主要破坏形式外，还存在沿软弱夹层带抽条垮冒、底鼓膨胀隆起等破坏形式，如图4-12所示。

图4-12　巷道支护其他破坏形式

C　炮孔错堵变形

巷道破坏过程中的另一现象是炮孔错堵变形。矿山采场深孔的破坏问题一直是影响该矿生产的主要技术问题。现虽采用φ80mm大孔，但错堵现象依然十分严重。粉矿与粉加块状矿体中的炮孔存在一年后，其完好率仅为56%，位于东区三、四采区的上、下盘矿岩接触带处的中深孔变形速度更快，有的炮孔仅施工一个星期就会发生破坏，原科研单位曾试验采用了多种护孔方法都未能解决炮孔变形问题。目前在一些炮孔容易变形破坏的地方，采用随采随凿的强化凿岩措施，但炮孔变形破坏率仍达 20% 左右。炮孔破坏形式主要有以下两种：

（1）孔口封堵。这种破坏主要受支护的影响，采用钢架支护的巷道，顶板松动范围一般都较大，炮孔打好后孔口部位围岩脱落或错动，等爆破时已找不到孔位，只有将支架拆除，上覆松动矿岩脱冒，才能露出孔口，此时孔口上移 1 ~ 1.5m，甚至更高。在采用锚喷网支护的巷道中，两帮边孔孔口错堵率较高，错堵范围一般为 1 ~ 2.5m。

（2）中间冒堵。该种类型堵孔一般发生在孔的中部，中间孔及边孔都存在，这主要是由矿体中存在软弱夹层引起，堵塞部位有的呈大块卡孔，有的为软泥状物封孔。这一现象各采区都存在，特别是在矿岩比较破碎、呈散块状的区段，在爆破动压作用下，更容易出现此种破坏。

4.2 巷道分级支护技术研究

4.2.1 支护形式与参数选择

4.2.1.1 合理支护形式的基本要求

针对矿山的采矿条件、围岩力学性质、受力状况及巷道的变形特征，合理的支护形式必须满足以下几点要求：

（1）支护能够适应围岩变形破坏特征。由于该铁矿中部地压大，矿体较破碎，围岩具有较大的变形，所以，支护变形能够适应围岩的变形特征，实现让压作用，同时还能给予围岩一定的变形抗力，以求适当控制巷道的变形量。

（2）支护能够提高围岩的整体性，最大限度地发挥岩体的自支承能力。视围岩是结构而不是载荷，是地下工程支护理论的一大突破，通过提高围岩的整体性来达到提高围岩自身承载能力的目的。

（3）支护能够符合巷道围岩的应力状态。由于巷道围岩顶板处于两向拉伸和两帮受压的应力状态，因此，合理的支护必须考虑到围岩的应力状态，能够加强顶板围岩的抗拉能力，限制顶板拉裂破坏引起的围岩松动脱落，同时也能够提高两帮围岩的抗剪破坏，减少过大压力引起的两帮围岩压坏和剪切滑移破坏。

（4）支护必须及时速效。支护必须能够达到及时速效，掘进后能够及时支护，并能够很快提供一定的支护抗力，以便阻止围岩松动破坏的发展。

（5）经济合理、施工方便。由于巷道的使用是临时性和短期性的，因此支护必须经济合理、施工方便，又能为工人广泛采用和推广。

4.2.1.2 支护形式的选定

根据实验室研究结果和综合矿山矿巷道支护的要求，考虑各种形式支护的特点和目前所采取的支护类型，最终选定以锚喷网为主要形式的支护。锚喷网支护在围岩中的实质是利用锚杆张力对破裂围岩进行加固，使松动圈内的破裂岩体恢复强度并进入支护状态。图4-13是围岩中锚喷网支护结构的示意图。图中锚杆的长度小于松动圈的厚度。锚杆是支护的主体，以形成组合拱，而喷层和钢筋网则用于维护锚杆间的破碎围岩不被挤出、掉落，以保持组合拱的完整。

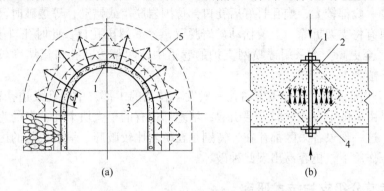

图4-13　锚喷网支护结构示意图

（a）锚杆组合拱图；（b）单体锚杆对破碎岩体的控制图

1—锚杆；2—锚杆的控制角；3—喷层；4—组合拱；5—围岩松动圈

A　喷射混凝土的支护特点

与普通混凝土相比，喷射混凝土在物理力学性质和围岩支护特性方面具有以下特点。

（1）自捣。喷射混凝土以较高的速度（30~120m/s）从喷嘴喷向岩面，先喷到岩壁上的混凝土受后喷混凝土的猛烈冲击和压密，从而使喷射混凝土结构密实，强度较高，不像现浇那样需要人工捣固。同时，喷射工艺又允许采用较小的水灰比（约0.45左右）。因此，喷射混凝土具有良好的物理力学特性。

（2）早强。喷射混凝土能随巷道掘进及时施工，因为加入了速凝剂，混凝土凝结硬化快，有较高的早期强度，与锚杆配合使用，能有效控制围岩的松动和变形。

（3）密贴。由于喷射混凝土是高速喷射到岩壁上的，与围岩具有较大的黏结力，能够及时封闭围岩，防止围岩风化和强度降低。

（4）柔性。喷射混凝土层较薄，具有一定的柔性，特别是与金属网配合使用或采用钢纤维喷射混凝土时，其柔性将会得到明显的改善，可以同围岩协同变形，达到让压卸压的目的。

（5）施工机械化程度高、速度快。喷射混凝土的支护使混凝土的运输、浇灌、捣固等工序合为一条作业线，免除了立模、拆模等繁琐工序，施工工艺简单；而且喷射混凝土可以用管道进行长距离输送，因此，其施工机械化程度高，施工速度快。

（6）成本低。由于喷射混凝土能提高巷道围岩的自身稳定性和承载能力，并与岩层构成共同承载的整体，支护厚度可减少一半，巷道掘进断面可相应减少10%~20%；另外，与衬砌相比，可省钢材约40%左右，施工速度可提高2~3倍，成本降低1/3~1/2，工效提高3~4倍，工时减少75%~80%，具有明显的经济效益。

（7）适用范围广。喷射混凝土不仅能作为永久支护，而且也能用于掘进工作面的临时支护，还可以处理工程事故。

B　喷射混凝土作用原理

（1）支撑作用。由于喷射混凝土具有良好的物理力学性能，特别是抗压强度高，可达20MPa，因此能起到支撑地压的作用。又因为其中掺有速凝剂，能使混凝土凝结快，早期强度高，紧跟掘进工作面作业，起到及时支撑围岩的作用，有效地控制围岩的变形和破坏。

（2）充填作用。由于混凝土的喷射速度较高，能充分地充填围岩的裂隙、节理和凹穴的岩面，大大提高了围岩的强度。

（3）隔绝作用。喷射混凝土层封闭了围岩表面，隔绝了空气、水与围岩的接触，有效地防止了风化、潮解引起的围岩破坏与剥落。同时，由于围岩裂隙中充填了混凝土，使裂隙深处原有的充填物不因为风化作用而降低强度，也不致因水的作用而使原有充填物流失，使围岩得以保持原有的稳定和强度。

（4）转化作用。高速喷射到岩面上的混凝土层，具有很高的黏结力和较高强度，混凝土与围岩紧密结合，能在结合面上传递各种应力，再加上充填隔绝作用，提高了围岩的稳定性和自身的支撑能力，因而使混凝土层与围岩形成了一个共同的力学统一体，具有把岩石载荷化为岩石承载结构的作用。

喷射混凝土支护作用原理的这几个方面，并非彼此独立、孤立存在的，而是互为补充、相互联系、共同作用的。

C　锚杆锚固原理

目前，已经提出多种锚固机理，但以下几种锚固机理得到工程界和理论界的普遍认可。

（1）悬吊作用原理。悬吊作用理论认为，锚杆支护是通过锚杆将软弱、松动、不稳定的岩土体悬吊在深层的岩土体上，以防止其离层滑脱。

（2）组合梁作用原理。组合梁作用原理是对层状介质的锚固体提出来的，这种理论认为，锚杆的作用是将层状岩体锚固在一起，形成一种组合梁。

（3）挤压加固作用原理。预应力锚杆群锚入围岩后，其两端附近岩体形成圆锥形压缩区。按一定间距排列的锚杆，在预应力的作用下，构成一个均匀压缩带，压缩带中的岩体由于预应力的作用而处于三向应力状态，提高了围岩强度。

D　金属网的作用

（1）维护锚杆间比较破碎的岩石，防止岩块的掉落。

（2）提高锚杆支护的整体效果，抵抗锚杆间破碎岩块的碎胀压力，提高支护对围岩的支撑能力。

（3）在喷射混凝土内可提高混凝土的柔性，防止喷射混凝土开裂掉块。

4.2.1.3　锚喷网支护材料的选取和特点

A　锚杆

不同类型的锚杆技术性能与适用条件有很大差别，因此，锚喷网支护的应用效果主要取决于锚杆的选型和参数设计。根据支护要求，选用了以下几种锚杆类型：

（1）缝管式摩擦锚杆。缝管式摩擦锚杆是通过管壁和围岩之间的摩擦力提供围岩的支护抗力。当围岩变形压力大于锚杆与围岩的摩擦阻力时，既可以在力的方向上产生滑移，达到让压卸载作用，又能保持原有的锚固作用。该类型锚杆具有速效、及时、安装方便、易于机械化操作等特点。

（2）带垫板全长胶结砂浆锚杆。该类型锚杆端部增设锚固垫板，实现了锚、网之间的牢固连接，提高了锚杆的锚固性能，在一定程度上解决了砂浆锚杆同围岩变形不相适应、胶结失效、锚杆锚空的问题，可以提供部分预应力，主要应用于比较重要、服务年限较长的巷道支护。

B　钢筋条带

钢筋条带是与缝管式摩擦锚杆配套使用的加固构件，其作用是强化锚杆与喷网层之间的连接，提高锚喷网支护效果，更好地发挥缝管式锚杆及时速效的支护作用。它是由两根钢筋焊接而成，采用的规格有 $\phi 6 \sim 8\mathrm{mm} \times 3000\mathrm{mm}$ 和 $\phi 10 \sim 12\mathrm{mm} \times 3000\mathrm{mm}$。

4.2.1.4　锚喷网支护参数设计

A　锚杆结构参数设计分析

图 4-14 给出了支护力 p_i 与塑性区半径 R_0 的关系曲线。从图中可见，扩大塑性区半径 R_0，可以降低为维护极限平衡状态所需的支护抗力 p_i，可是当 p_i 降低到一定程度后，塑性区再扩大围岩就要出现松动坍塌，此后围岩压力将大大增加。因此，选择锚杆长度应能够适应围岩的变形特征，适当增加塑性区的半径，充分发挥围岩的自支撑能力，这是设计锚杆长度的主要依据。锚杆间距的设计以能否形成均匀的压缩拱及压缩拱的厚度作为设计准则。

a　未支护条件下巷道塑性区半径 R_0

根据现场围岩变形测量结果表明，采准巷道围岩松动圈范围随岩性、位置和时间的不同有所不同，一般的范围在 $1.0 \sim 1.5\mathrm{m}$ 之间。另外，通过对近万米炮孔

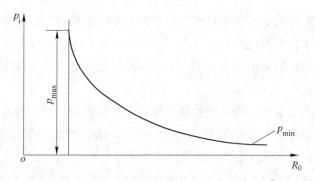

图 4-14 支护力 p_i 与塑性区半径 R_0 的关系曲线

的调查分析发现，发生严重变形破坏的炮孔一般在 1.5m 以下，这在一定程度上也反映了巷道围岩松动圈的范围。将巷道近似看成圆形断面，采用修正的芬纳（R. Fenner）公式计算巷道塑性区半径 R_0 和松动圈范围 T。

$$R_{0,\max} = r_0 \left[\frac{p + C\cot\varphi}{C\cot\varphi} (1 - \sin\varphi) \right]^{\frac{1-\sin\varphi}{2\sin\varphi}} \tag{4-1}$$

$$T = r_0 \left[\frac{p + C\cot\varphi}{C\cot\varphi} \left(\frac{1 - \sin\varphi}{1 + \sin\varphi} \right) \right]^{\frac{1-\sin\varphi}{2\sin\varphi}} \tag{4-2}$$

式中，p 为巷道所处的原始应力场；C 为岩体黏聚力；φ 为岩体内摩擦角，采用西区最新岩石力学试验结果；r_0 为巷道半径，按圆形巷道计算，巷道半径近似为 1.9m。

对于不同围岩的巷道，其塑性区半径的计算结果如表 4-1 所示。

表 4-1 巷道围岩塑性区半径 R_0 及松动圈范围 T

岩体类型	非 支 承 压 力 带						支 承 压 力 带					
	r_0 /m	p /MPa	C /MPa	φ /(°)	R_0 /m	T /m	r_0 /m	p /MPa	C /MPa	φ /(°)	R_0 /m	T /m
斑状磁铁矿	1.9	10.8	8.32	33.6	1.76	1.48	1.9	27.0	8.32	33.6	2.19	1.82
大理岩	1.9	10.8	6.48	31.3	1.87	1.54	1.9	27.0	6.48	31.3	2.42	2.00
硅卡岩	1.9	10.8	4.07	38.4	2.00	1.72	1.9	27.0	4.07	38.4	2.48	2.14
花岗岩	1.9	10.8	6.15	36.2	1.86	1.58	1.9	27.0	6.15	36.2	2.30	1.96
闪长岩	1.9	10.8	10.51	34.3	1.69	1.43	1.9	27.0	10.51	34.3	2.04	1.72
硬石膏	1.9	10.8	3.68	36.4	2.08	1.77	1.9	27.0	3.68	36.4	2.66	2.26
花岗斑岩	1.9	10.8	4.33	35.4	2.01	1.70	1.9	27.0	4.33	35.4	2.56	2.17

b 锚杆长度 L

根据式（4-1）和式（4-2）计算结果表明，在非支承压力带（原岩应力）

条件下，不同岩种的塑性区半径变化范围为1.69~2.08m，在支承压力带（回采过程中）条件下，塑性区半径变化范围为2.04~2.66m；而在非支承压力带条件下，不同岩种的松动圈范围为1.43~1.77m，在支承压力带条件下，松动圈范围为1.72~2.26m。

结合矿山实际条件，为保证巷道顶板的稳定和安全，对于普通非支承压力采准巷道支护，锚杆的长度为顶板2.0m，两帮1.8m。考虑到断层破碎带的影响，该部位的支护，顶板采用2.3m的锚杆，两帮为1.8m。

c　锚杆间距 L_j

锚杆间距应根据锚杆承载力和最长锚杆的锚固点所吊挂的岩体重量来确定：

$$L_j = \sqrt{\frac{S\sigma_t}{T\gamma}} = \sqrt{\frac{2.55 \times 10^{-4} \times 375 \times 10^6}{4.2 \times 10^4 \times 2.0}} = 1.07 \approx 1.0(m) \tag{4-3}$$

式中，S 为锚杆截面面积；σ_t 为锚杆材料允许拉应力；γ 为矿石重度；T 为松动圈半径。

通过以上计算可以确定锚杆的间距在0.8~1.0m较为合适。

B　巷道支护方案设计

根据计算结果，设计出采准巷道标准支护断面图如图4-15和图4-16所示。采用两种主要支护方案。

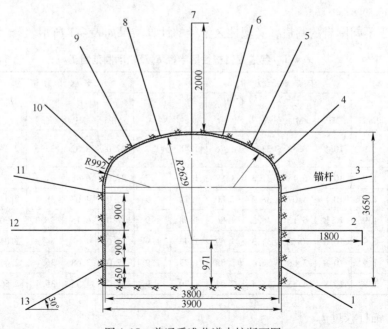

图4-15　普通采准巷道支护断面图

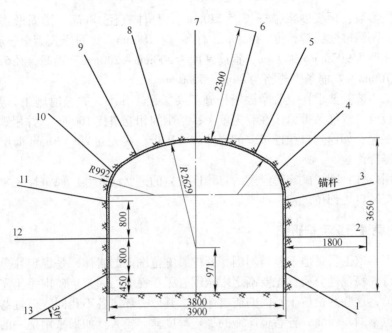

图 4-16　断层破碎带采准巷道支护断面图

a　垫板砂浆锚杆与缝管摩擦锚杆混合支护（普通锚喷网）方案

支护特点：顶板采用缝管摩擦锚杆 5 根（图 4-15 中 5～9），发挥其速效护顶的支护特性，及时对巷道围岩进行支护，以杜绝巷道垮冒和掘进施工中的安全隐患。巷道两帮采用垫板砂浆全胶结式锚杆 8 根（图 4-15 中 1～4、10～13），以提高矿柱的抗剪和抗拉强度，减少巷道帮壁围岩径向和切向变形。为防治底板底鼓现象，锚杆 1 和 13 安装距底板 450mm 斜向下 30°。该支护结构既具有速效特性，又具有较强的抗变形能力。

支护参数：垫板砂浆锚杆长度为 1800mm，杆体直径 18mm，锚固形式为全长胶结式。缝管锚杆规格为 40mm×2000mm。锚杆排间距为 900mm×900mm，钢筋网度为 250mm×250mm，钢筋直径 6mm，喷层厚度 50mm。

支护施工工艺：巷道掘出后，紧跟掌子面首先在顶板安装缝管锚杆，并压双筋条带。进路掘进完毕后系统安装两帮垫板砂浆锚杆，最后全断面编铺金属网喷射混凝土成巷。

适用条件：普通联巷、较为破碎稳定性差的进路、稳定性一般的进路与联巷交叉口等部位。

b　中长锚杆支护方案

支护特点：全断面均采用砂浆锚杆 13 根，其中，施工中长锚杆之前先在顶板安装缝管摩擦锚杆 5 根，以达到护顶的目的。该支护既具有速效特性，同时又具有较强的刚度。

支护参数：顶板砂浆锚杆长度 2300mm，杆体直径 18mm，锚固形式为全长胶结式。两帮砂浆锚杆长度 1800mm，杆体直径 18mm，锚固形式为全长胶结式。锚杆排间距为 900mm×900mm，钢筋网度为 200mm×200mm，钢筋直径 6mm，喷层厚度 70mm，双筋条带规格为 8mm×3000mm。

施工工艺及要求：缝管摩擦锚杆施工要紧跟工作面，并及时施工砂浆锚杆。锚杆垫板要将双筋条带紧压在巷道壁上；条带间相互搭接 100mm，并用铁丝牢固连接在一起；如遇到自稳性极差的岩体和破碎带，应先喷 20~30mm 薄层混凝土再进行锚杆作业。

适用条件：断层破碎带经过的自稳性极差的进路或联巷、稳定性较差的进路与联巷交叉口等部位。

4.2.2　巷道分级支护研究

地下巷道围岩是地下巷道周围受开挖影响范围内的岩体，是稳定性分析的对象，进行其稳定性分析首先要确定影响围岩工程性质的因素。矿山每年需掘上万米的巷道，这些巷道位于不同的矿岩体内，其应力环境各不相同，而且巷道的服务年限也不同，因而，各巷道所需的稳定程度差异较大。如果采用统一的支护形式和支护参数，则有的支护强度过盈，有的则不够。对待工程量大、围岩条件复杂的采场巷道，采用分级支护能取得合理和可靠的维护效果。分级支护是根据每一巷道所需的稳定程度，选用与其相适应的支护形式和支护强度等级进行支护的设计方法。这样，可大大缩小采场巷道支护的盲目性，提高支护主动性，并便于支护施工的标准化和规范化管理。

根据前面章节对围岩的稳定性分析，结合矿山巷道支护设计，给出表 4-2 所示分级支护表，以进行采准巷道的支护设计。

表 4-2　采准巷道分级支护参数对照表

支护等级	支护形式	支 护 参 数
I	中长锚杆喷锚网支护	(1) 锚杆：缝管摩擦锚杆，$\phi40mm×2000mm$，网度 0.8m×0.8m；钢筋砂浆锚杆：$\phi18mm×1800mm$，网度 0.9m×0.9m；中长锚杆：$\phi18mm×2300mm$，网度 0.9m×0.9m； (2) 钢筋网度：$\phi6mm×200mm×200mm$； (3) 双筋条带：$\phi8mm×3000mm$； (4) 喷层厚：70mm； (5) 钢拱架：间距 1m
II	普通锚喷网	(1) 锚杆：弯钩钢筋锚杆，$\phi18mm×1800mm$，网度 0.9m×0.9m；缝管摩擦锚杆，$\phi40mm×2000mm$，网度 0.9m×0.9m； (2) 钢筋网度：$\phi6mm×250mm×250mm$； (3) 双筋条带：$\phi8mm×3000mm$； (4) 喷层厚：50~60mm； (5) 钢拱架：间距 1m

续表 4-2

支护等级	支护形式	支 护 参 数
Ⅲ	锚喷或锚网	（1）锚喷：钢筋砂浆锚杆，$\phi18mm \times 1800mm$，网度 $0.8m \times 0.8m$；喷厚 $50mm$； （2）锚网：缝管摩擦锚杆，$\phi40mm \times 2000mm$，网度 $0.8m \times 0.8m$；预制网片，$\phi4mm \times 1.5m \times 2.2m$，网度 $100mm \times 100mm$
Ⅳ	单锚	缝管摩擦锚杆：网度 $0.8m \times 0.8m$； 砂浆钢筋锚杆：网度 $0.8m \times 0.8m$
Ⅴ	素喷	素喷厚度 $50mm$
Ⅵ	不支护	

4.3　巷道分级支护稳定性数值模拟

4.3.1　模拟计算方案

4.3.1.1　巷道计算模型

根据巷道分级支护研究，巷道按围岩稳定情况分为五级，结合矿山实际情况只对前四级进行模拟。选用同一模型模拟，只是采用的围岩参数和支护参数不同，建立了三个分段水平的采场巷道岩体力学数值计算模型。根据矿山矿体开采的具体情况，在平行于矿体走向剖面，即垂直进路方向，采场巷道基本属于平面应变问题，矿柱的力学状态可近似成二维平面问题。为此，建立了平行矿体走向的巷道平面力学模型。

模型总长 110m，高 90m，包括 3 个水平，第一水平的四条进路、第二水平的三条进路和第三水平的四条进路。阶段高度 70m，分段高度 17.5m，进路间距 15m。在同一水平上，各进路巷道的宽度 3.9m，高 3.65m（喷射混凝土的厚度为 50mm，则巷道净宽为 3.8m，净高 3.6m）。模型图如图 4-17 所示。

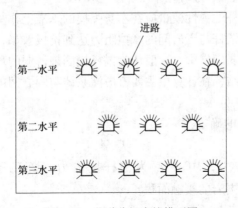

图 4-17　巷道分级支护模型图

4.3.1.2　计算参数的选取

根据现场地质调查和相关研究提供的岩石力学实验结果，考虑尺寸效应和地层构造面的影响，对实验得出的岩石各项参数进行相应的调整和简化。模拟计算采用的岩体力学参数由表4-3给出。

表4-3　围岩分级支护物理力学参数

材料名称	变形模量 E/GPa	泊松比 μ	内摩角 φ/(°)	黏聚力 C/MPa	重度 γ/kN·m^{-3}
Ⅰ级围岩	1.2	0.25	26.8	0.044	27.5
Ⅱ级围岩	1.0	0.28	26.8	0.034	27.5
Ⅲ级围岩	0.8	0.3	26.8	0.024	26.5
Ⅳ级围岩	0.5	0.36	24.8	0.014	24.5
锚　杆	160	0.30	—	—	78
混凝土	20	0.24	—	—	22

在数值模拟中，锚杆和钢拱架有多种不同的处理方式，有的采用杆单元来模拟锚杆，梁单元来模拟钢拱架；有的采用等效原则来考虑他们的作用。基于本工程的实际情况和 Midas/gts 的特点，为简化计算模型，采用通常的改变加固区参数来进行管棚或小导管支护的模拟，植入式桁架模拟锚杆，用等效原则来模拟钢拱架的作用。

喷射混凝土支护中的钢拱架，根据抗压刚度相等的原则，将钢架的弹性模量折算到网喷混凝土衬砌的弹性模量中，以简化计算。计算方法如下：

$$E = E_0 + \frac{S_g E_g}{S_c} \tag{4-4}$$

式中，E 为折算后喷射混凝土弹性模量，MPa；E_0 为原混凝土弹性模量，MPa；S_g 为钢拱架截面积，m^2；E_g 为钢材弹性模量，MPa；S_c 为混凝土截面积，m^2。

软弱围岩中，锚杆的弹性模量应在本身弹模的基准上作一定系数的折减。锚杆的主要功能是通过锚杆与围岩间的摩擦阻力达到抗拔效果，从而阻止不稳定岩块崩落或滑移。在软弱围岩中，一般认为锚杆锚固最薄弱的环节不是其本身而是灌浆体与围岩间的黏结，在计算中主要考虑灌浆体与围岩间的黏结效应。折减的计算方法如下：

（1）锚杆剪应力的确定：

$$\tau = f_{sc}/A \tag{4-5}$$

式中，τ 为锚杆剪应力，MPa；f_{sc} 为锚杆抗拔力（施工验评规范规定值为150kN）；A 为锚杆与围岩的接触面积，m^2。

（2）弹性模量的折减系数：

$$\lambda = \tau/\tau_{容} \tag{4-6}$$

式中，λ 为锚杆弹模折减系数；τ 为锚杆剪应力，MPa；$\tau_{容}$ 为砂浆与岩石的最大黏结力，MPa。

（3）锚杆的弹性模量：

$$E = \lambda E_{钢} \tag{4-7}$$

式中，E 为锚杆弹性模量，MPa；λ 为锚杆弹模折减系数；$E_{钢}$ 为钢的弹性模量，取 210GPa。

围岩、混凝土和锚杆的基本参数采用地质资料给出的数值，在此基础上再考虑上面计算出的锚杆弹性模量的折减和钢拱架作用的增加值。具体参数列于表4-3。

4.3.1.3　计算方案

数值模拟计算 Ⅰ ~ Ⅳ级围岩，每级围岩按以下两个方案进行，模拟巷道在开挖后没有采取支护措施和采取分级支护方案措施两种情况下的变形。

各方案进路的开挖顺序遵循从左到右、从上到下依次开挖的原则。模拟了锚喷联合支护的巷道开挖后围岩的变形及应力分布等情况，并与无支护巷道进行对比。锚喷支护巷道材料本构模型采用莫尔-库仑模型，模型大小选取 90×110，划分为 15900 个单元，网格划分如图 4-18 所示。边界条件为：底边界 X 和 Y 方向固定；左、右边界 Z 方向固定；顶边界为应力边界，$Y = -18.9$MPa（负号表示"压应力"，根据进路埋深计算得出）。

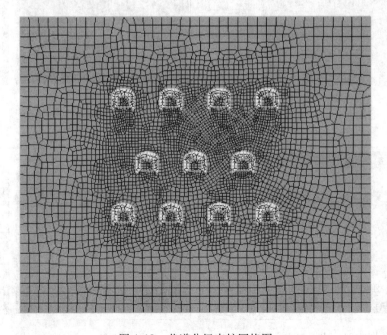

图 4-18　巷道分级支护网格图

该模拟过程主要模拟了巷道在无支护时的变形和采取分级支护时的变形和破坏规律。

4.3.2 Ⅰ级围岩模拟计算结果分析

根据模拟步骤提取不同步骤的模型位移云图和应力云图,分别分析水平进路开挖、支护开挖完成后的围岩力学状态及变形规律。

4.3.2.1 开挖未支护模拟结果

A 第一水平开挖

图 4-19 和图 4-20 给出第一水平进路开挖完成后在无支护状态下围岩位移变化情况。图 4-19 显示水平方向位移最大值为 19.6mm,发生在拱腰位置;图 4-20 显示竖向位移最大值为 12.4mm,发生在拱顶位置。

图 4-21 和图 4-22 给出第一水平进路开挖完成后在无支护状态下围岩应力变化情况。由于原岩应力的作用,在进路开挖后,产生应力释放。第一水平进路开

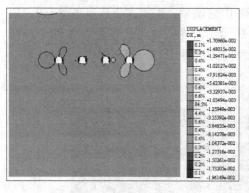
图 4-19　水平位移云图

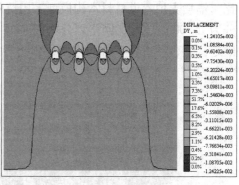
图 4-20　竖向位移云图

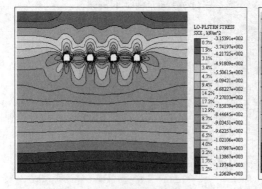
图 4-21　水平应力云图

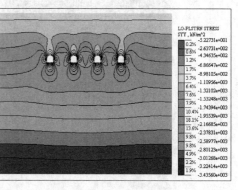
图 4-22　竖向应力云图

挖后水平方向和竖直方向均受到压应力。图 4-21 显示水平方向应力最大值为 1.3MPa；图 4-22 显示竖向应力最大值为 3.4MPa；顶底板承受的水平方向应力大于两帮的应力；两帮承受的竖向应力大于顶底板的应力。

图 4-23 为第一水平进路开挖完成后在无支护状态下围岩最大剪切应变规律。由图可以看出进路开挖后，进路两帮围岩剪切应变较大，影响范围在 0.5m 左右。

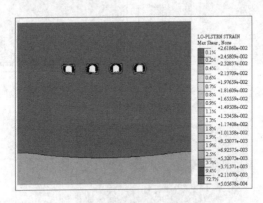

图 4-23　最大剪切应变云图

B　第二水平开挖

图 4-24 和图 4-25 给出第二水平进路开挖完成后在无支护状态下围岩位移变化情况。图 4-24 显示水平方向位移最大值为 26.3mm；图 4-25 显示竖向位移最大值为 16.7mm。

图 4-26 和图 4-27 给出第二水平进路开挖完成后在无支护状态下围岩应力变化情况。变化规律和第一水平进路开挖后相似。图 4-26 显示水平方向应力最大值为 1.46MPa；图 4-27 显示竖向应力最大值为 3.66MPa。

图 4-28 为第二水平进路开挖完成后在无支护状态下围岩最大剪切应变规律。变化规律与第一水平进路开挖后相同。

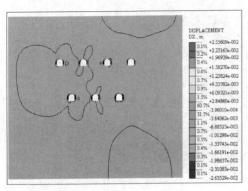

图 4-24　水平位移云图

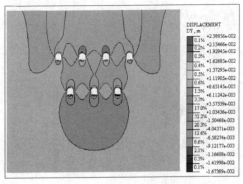

图 4-25　竖向位移云图

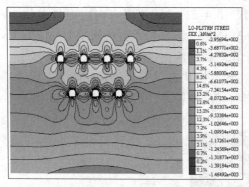

图 4-26　水平应力云图　　　　　　　　图 4-27　竖向应力云图

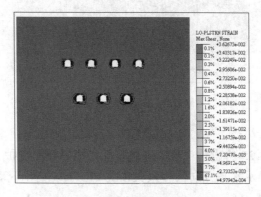

图 4-28　最大剪切应变云图

C　第三水平开挖

图 4-29 和图 4-30 给出第三水平进路开挖完成后在无支护状态下围岩位移变化情况。图 4-29 显示水平方向位移最大值为 31.1mm；图 4-30 显示竖向位移最大值为 21.7mm。

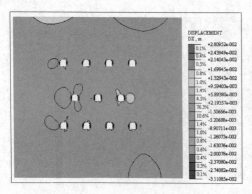

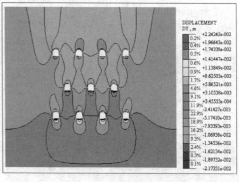

图 4-29　水平位移云图　　　　　　　　图 4-30　竖向位移云图

图 4-31 和图 4-32 给出第三水平进路开挖完成后在无支护状态下围岩应力变化情况。变化规律和第一、二水平进路开挖后相似。图 4-31 显示水平方向应力最大值为 1.87MPa；图 4-32 显示竖向应力最大值为 4.19MPa。

图 4-33 为第三水平进路开挖完成后在无支护状态下围岩最大剪切应变规律。变化规律与第一、二水平进路开挖后相同。

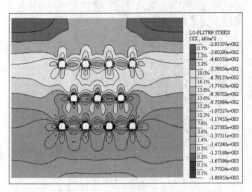

图 4-31　水平应力云图　　　　　　　图 4-32　竖向应力云图

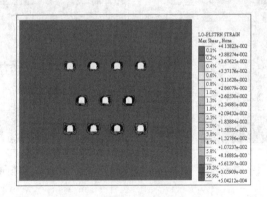

图 4-33　最大剪切应变云图

4.3.2.2　开挖支护模拟结果

A　第一水平支护后

图 4-34 和图 4-35 给出第一水平进路开挖支护状态下围岩位移变化情况。图 4-34 显示水平方向位移最大值为 0.96mm，发生在拱腰位置；图 4-35 显示竖向位移最大值为 1.1mm，发生在拱顶位置。

图 4-36 和图 4-37 给出第一水平进路开挖支护状态下围岩应力变化情况。由于原岩应力的作用，在进路开挖后，产生应力释放。第一水平进路开挖后水平方向和竖直方向均受到压应力。图 4-36 显示水平方向应力最大值为 0.8MPa；图 4-

37 显示竖向应力最大值为 2.4MPa；顶底板承受的水平方向应力大于两帮的应力；两帮承受的竖向应力大于顶底板的应力。

图 4-38 为第一水平进路开挖支护状态下围岩最大剪切应变规律。由图可以看出进路开挖后，进路两帮围岩剪切应变较大，影响范围在 0.3m 左右。

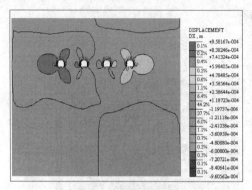
图 4-34　水平位移云图

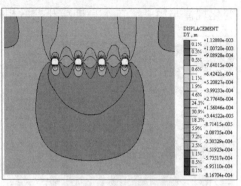
图 4-35　竖向位移云图

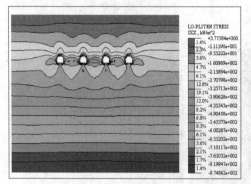
图 4-36　水平应力云图

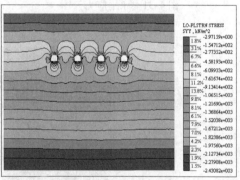
图 4-37　竖向位移云图

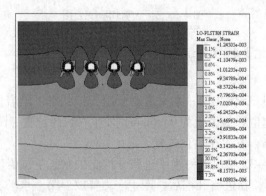
图 4-38　最大剪切应变

B 第二水平支护后

图 4-39 和图 4-40 给出第二水平进路开挖支护状态下围岩位移变化情况。图 4-39 显示水平方向位移最大值为 1.97mm；图 4-40 显示竖向位移最大值为 1.55mm。

图 4-41 和图 4-42 给出第二水平进路开挖支护状态下围岩应力变化情况。变化规律和第一水平进路开挖后相似。图 4-41 显示水平方向应力最大值为 1.23MPa；图 4-42 显示竖向应力最大值为 2.53MPa。

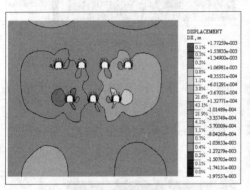

图 4-39 水平位移云图　　　　　　　图 4-40 竖向位移云图

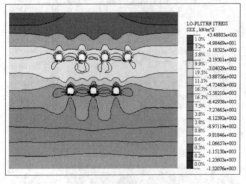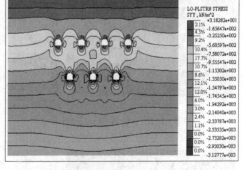

图 4-41 水平应力云图　　　　　　　图 4-42 竖向应力云图

图 4-43 为第二水平进路开挖支护状态下围岩最大剪切应变规律。变化规律与第一水平进路开挖后相同。

C 第三水平支护后

图 4-44 和图 4-45 给出第三水平进路开挖支护状态下围岩位移变化情况。图 4-44 显示水平方向位移最大值为 3.10mm；图 4-45 显示竖向位移最大值为 2.90mm。

图 4-46 和图 4-47 给出第三水平进路开挖支护状态下围岩应力变化情况。变

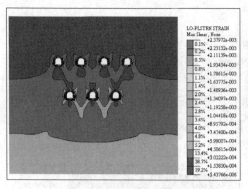

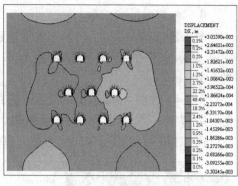

图 4-43　最大剪切应变云图　　　　　　　　图 4-44　水平位移云图

化规律和第一、二水平进路开挖后相似。图 4-46 显示水平方向应力最大值为 1.82MPa；图 4-47 显示竖向应力最大值为 3.75MPa。

　　图 4-48 为第三水平进路开挖支护状态下围岩最大剪切应变规律。变化规律与第一、二水平进路开挖后相同。

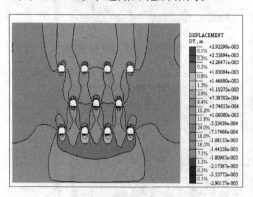

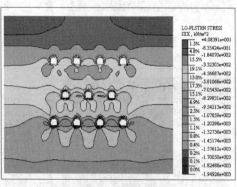

图 4-45　竖向位移云图　　　　　　　　　图 4-46　水平应力云图

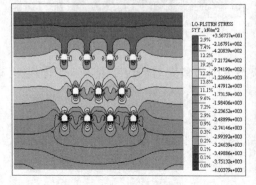

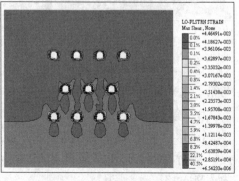

图 4-47　竖向应力云图　　　　　　　　　图 4-48　最大剪切应变云图

4.3.2.3 计算结果对比分析

根据模拟步骤提取不同水平进路开挖未支护和开挖支护后监测点位移变化情况进行对比分析，监测点布置如图 4-49 所示，对比图如图 4-50 ~ 图 4-52 所示。由不同监测点对比图可以看出进路支护后位移得到了有效控制。

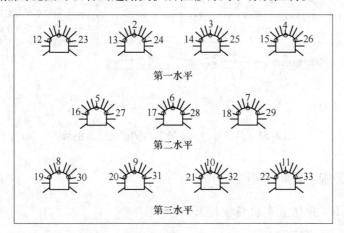

图 4-49 巷道围岩拱顶沉降与围岩收敛监测点布置图

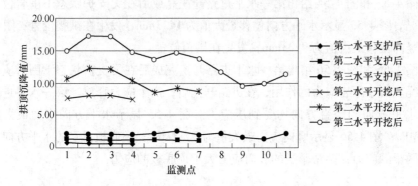

图 4-50 巷道开挖、支护后拱顶沉降曲线图

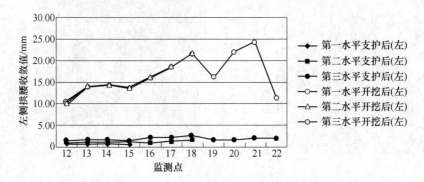

图 4-51 巷道开挖、支护后左侧拱腰收敛曲线图

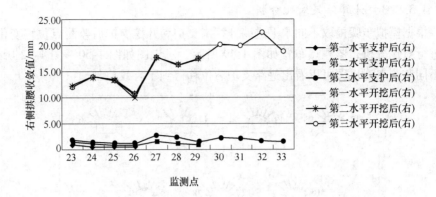

图 4-52　巷道开挖、支护后右侧拱腰收敛曲线图

4.3.3　Ⅱ级围岩模拟计算结果分析

4.3.3.1　开挖未支护模拟结果

A　第一水平开挖

图 4-53 和图 4-54 给出第一水平进路开挖完成后在无支护状态下围岩位移变化情况。图 4-53 显示水平方向位移最大值为 14.3mm，发生在拱腰位置；图 4-54 显示竖向位移最大值为 9.03mm，发生在拱顶位置。

图 4-55 和图 4-56 给出第一水平进路开挖完成后在无支护状态下围岩应力变化情况。由于原岩应力的作用，在进路开挖后，产生应力释放。第一水平进路开挖后水平方向和竖直方向均受到压应力。图 4-55 显示水平方向应力最大值为 1.21MPa；图 4-56 显示竖向应力最大值为 3.33MPa；顶底板承受的水平方向应力大于两帮的应力；两帮承受的竖向应力大于顶底板的应力。

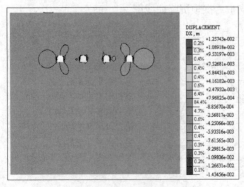

图 4-53　水平位移云图

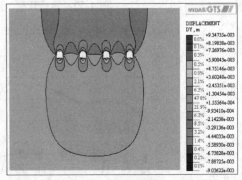

图 4-54　竖向位移云图

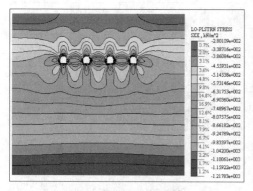 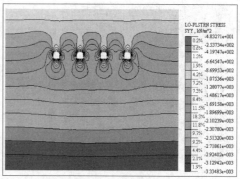

图 4-55 水平应力云图　　　　　　　　图 4-56 竖向应力云图

图 4-57 为第一水平进路开挖完成后在无支护状态下围岩最大剪切应变规律。由图可以看出进路开挖后，进路两帮围岩剪切应变较大，影响范围在 0.45m 左右。

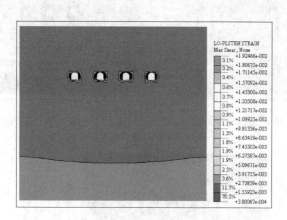

图 4-57 最大剪切应变云图

B 第二水平开挖

图 4-58 和图 4-59 给出第二水平进路开挖完成后在无支护状态下围岩位移变化情况。图 4-58 显示水平方向位移最大值为 19.4mm；图 4-59 显示竖向位移最大值为 12.3mm。

图 4-60 和图 4-61 给出第二水平进路开挖完成后在无支护状态下围岩应力变化情况。变化规律和第一水平进路开挖后相似。图 4-60 显示水平方向应力最大值为 1.39MPa；图 4-61 显示竖向应力最大值为 3.50MPa。

图 4-62 为第二水平进路开挖完成后在无支护状态下围岩最大剪切应变规律。变化规律与第一水平进路开挖后相同。

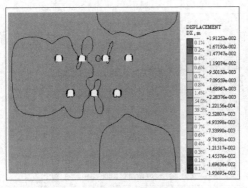

图 4-58 水平位移云图

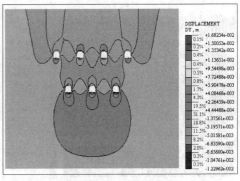

图 4-59 竖向位移云图

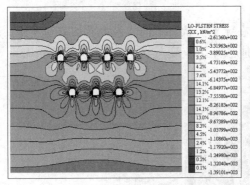

图 4-60 水平应力云图

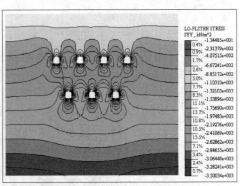

图 4-61 竖向应力云图

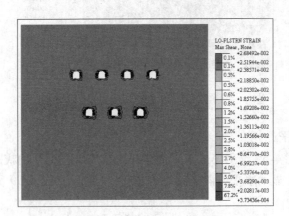

图 4-62 最大剪切应变云图

C 第三水平开挖

图 4-63 和图 4-64 给出第三水平进路开挖完成后在无支护状态下围岩位移变化情况。图 4-63 显示水平方向位移最大值为 24.0mm；图 4-64 显示竖向位移最

大值为 16.1mm。

图 4-65 和图 4-66 给出第三水平进路开挖完成后在无支护状态下围岩应力变化情况。变化规律和第一、二水平进路开挖后相似。图 4-65 显示水平方向应力最大值为 1.79MPa；图 4-66 显示竖向应力最大值为 4.03MPa。

图 4-67 为第三水平进路开挖完成后在无支护状态下围岩最大剪切应变规律。变化规律与第一、二水平进路开挖后相同。

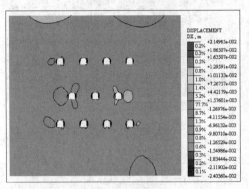
图 4-63　水平位移云图

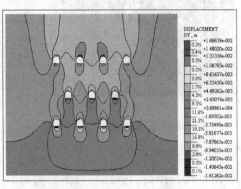
图 4-64　竖向位移云图

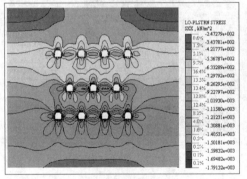
图 4-65　水平应力云图

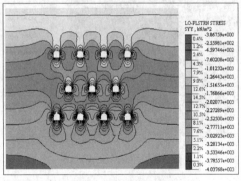
图 4-66　竖向应力云图

4.3.3.2　开挖支护模拟结果

A　第一水平支护后

图 4-68 和图 4-69 给出第一水平进路开挖支护状态下围岩位移变化情况。图 4-68 显示水平方向位移最大值为 0.69mm，发生在拱腰位置；图 4-69 显示竖向位移最大值为 0.59mm，发生在拱顶位置。

图 4-70 和图 4-71 给出第一水平进路开挖支护状态下围岩应力变化情况。由于原岩应力的作用，在进路开挖后，产生应力释放。第一水平进路开挖后水平方向和竖直方向均受到压应力。图 4-70 显示水平方向应力最大值为 0.87MPa；图

4-71 显示竖向应力最大值为 2.43MPa；顶底板承受的水平方向应力大于两帮的应力；两帮承受的竖向应力大于顶底板的应力。

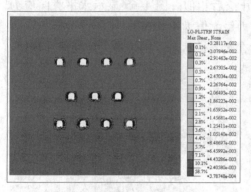
图 4-67　最大剪切应变云图

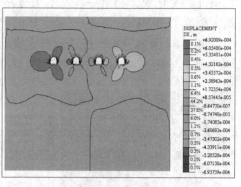
图 4-68　水平位移云图

图 4-72 为第一水平进路开挖支护状态下围岩最大剪切应变规律。由图可以看出进路开挖后，进路两帮围岩剪切应变较大，影响范围在 0.3m 左右。

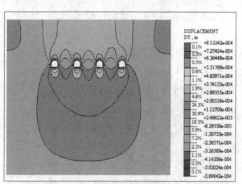
图 4-69　竖向位移云图

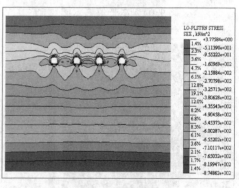
图 4-70　水平应力云图

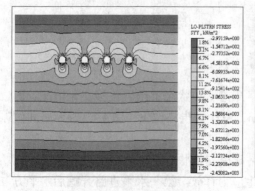
图 4-71　竖向应力云图

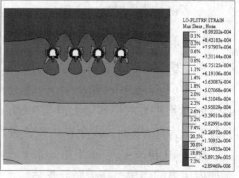
图 4-72　最大剪切应变云图

B　第二水平支护后

图 4-73 和图 4-74 给出第二水平进路开挖支护状态下围岩位移变化情况。图 4-73 显示水平方向位移最大值为 1.42mm；图 4-74 显示竖向位移最大值为 1.12mm。

图 4-75 和图 4-76 给出第二水平进路开挖支护状态下围岩应力变化情况。变化规律和第一水平进路开挖后相似。图 4-75 显示水平方向应力最大值为 1.32MPa；图 4-76 显示竖向应力最大值为 1.12MPa。

图 4-77 为第二水平进路开挖支护状态下围岩最大剪切应变规律。变化规律与第一水平进路开挖后相同。

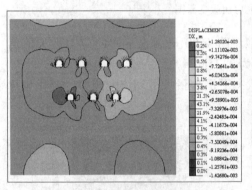

图 4-73　水平位移云图

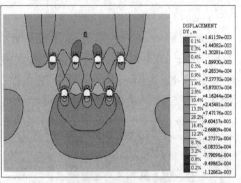

图 4-74　竖向位移云图

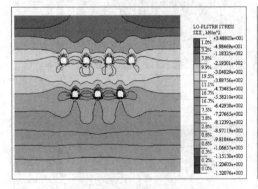

图 4-75　水平应力云图

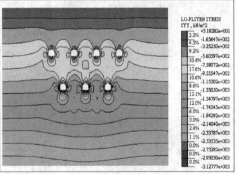

图 4-76　竖向应力云图

C　第三水平支护后

图 4-78 和图 4-79 给出第三水平进路开挖支护状态下围岩位移变化情况。图 4-78 显示水平方向位移最大值为 2.52mm；图 4-79 显示竖向位移最大值为 2.10mm。

图 4-80 和图 4-81 给出第三水平进路开挖支护状态下围岩应力变化情况。变

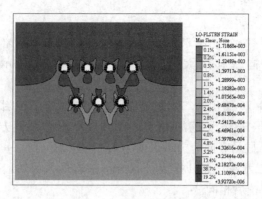

图 4-77　最大剪切应变云图

化规律和第一、二水平进路开挖后相似。图 4-80 显示水平方向应力最大值为 1.82MPa；图 4-81 显示竖向应力最大值为 3.75MPa。

　　图 4-82 为第三水平进路开挖支护状态下围岩最大剪切应变规律。变化规律与第一、二水平进路开挖后相同。

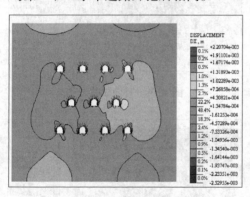

图 4-78　水平位移云图

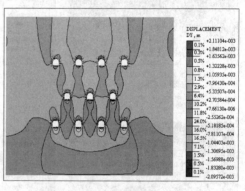

图 4-79　竖向位移云图

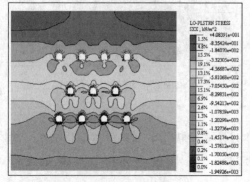

图 4-80　水平应力云图

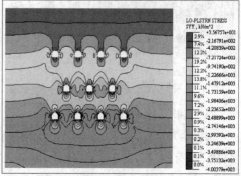

图 4-81　竖向应力云图

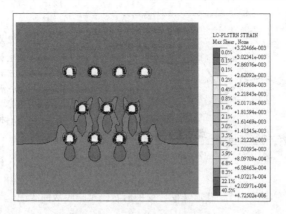

图 4-82　最大剪切应变云图

4.3.3.3　计算结果对比分析

根据模拟步骤提取不同水平进路开挖未支护和开挖支护后监测点位移变化情况进行对比分析，对比图如图 4-83 ~ 图 4-85 所示。由不同监测点对比图可以看出进路支护后位移得到了有效控制。

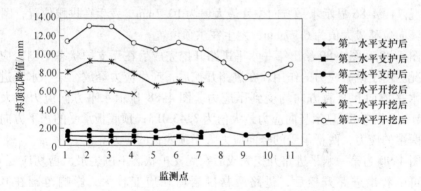

图 4-83　巷道开挖、支护后拱顶沉降曲线图

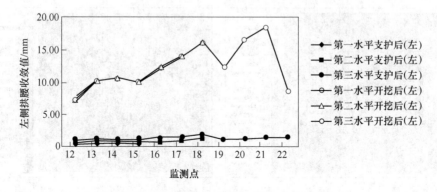

图 4-84　巷道开挖、支护后左侧拱腰收敛曲线图

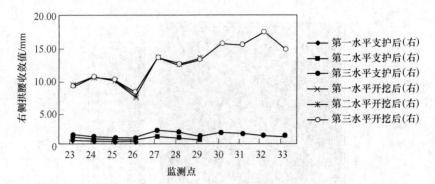

图 4-85　巷道开挖、支护后右侧拱腰收敛曲线图

4.3.4　Ⅲ级围岩模拟计算结果分析

4.3.4.1　开挖未支护模拟结果

A　第一水平开挖

图 4-86 和图 4-87 给出第一水平进路开挖完成后在无支护状态下围岩位移变化情况。图 4-86 显示水平方向位移最大值为 10.7mm，发生在拱腰位置；图 4-87 显示竖向位移最大值为 6.77mm，发生在拱顶位置。

图 4-88 和图 4-89 给出第一水平进路开挖完成后在无支护状态下围岩应力变化情况。由于原岩应力的作用，在进路开挖后，产生应力释放。第一水平进路开挖后水平方向和竖直方向均受到压应力。图 4-88 显示水平方向应力最大值为 1.25MPa；图 4-89 显示竖向应力最大值为 3.43MPa；顶底板承受的水平方向应力大于两帮的应力；两帮承受的竖向应力大于顶底板的应力。

图 4-90 为第一水平进路开挖完成后在无支护状态下围岩最大剪切应变规律。由图可以看出进路开挖后，进路两帮围岩剪切应变较大，影响范围在 0.45m 左右。

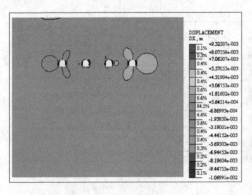

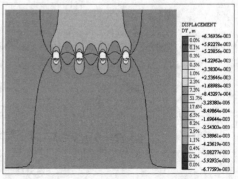

图 4-86　水平位移云图　　　　　　图 4-87　竖向位移云图

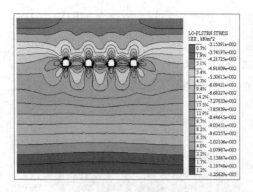

图 4-88 水平应力云图

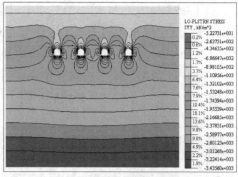

图 4-89 竖向应力云图

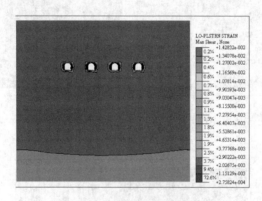

图 4-90 最大剪切应变云图

B 第二水平开挖

图 4-91 和图 4-92 给出第二水平进路开挖完成后在无支护状态下围岩位移变化情况。图 4-91 显示水平方向位移最大值为 14.3mm；图 4-92 显示竖向位移最大值为 9.3mm。

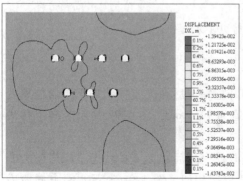

图 4-91 水平位移云图

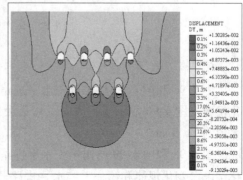

图 4-92 竖向位移云图

　　图 4-93 和图 4-94 给出第二水平进路开挖完成后在无支护状态下围岩应力变化情况。变化规律和第一水平进路开挖后相似。图 4-93 显示水平方向应力最大值为 1.46MPa；图 4-94 显示竖向应力最大值为 3.66MPa。

　　图 4-95 为第二水平进路开挖完成后在无支护状态下围岩最大剪切应变规律。变化规律与第一水平进路开挖后相同。

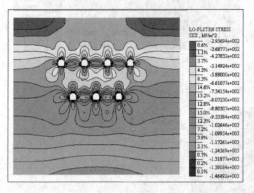

图 4-93　水平应力云图　　　　　　　　图 4-94　竖向应力云图

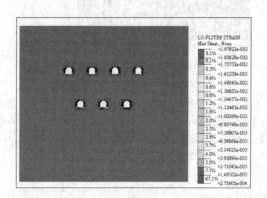

图 4-95　最大剪切应变云图

C　第三水平开挖

　　图 4-96 和图 4-97 给出第三水平进路开挖完成后在无支护状态下围岩位移变化情况。图 4-96 显示水平方向位移最大值为 16.9mm；图 4-97 显示竖向位移最大值为 11.8mm。

　　图 4-98 和图 4-99 给出第三水平进路开挖完成后在无支护状态下围岩应力变化情况。变化规律和第一、二水平进路开挖后相似。图 4-98 显示水平方向应力最大值为 1.89MPa；图 4-99 显示竖向应力最大值为 4.19MPa。

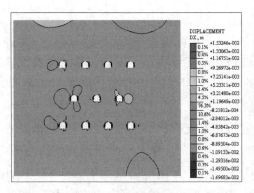

图 4-96　水平位移云图

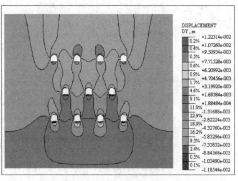

图 4-97　竖向位移云图

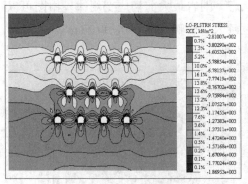

图 4-98　水平应力云图

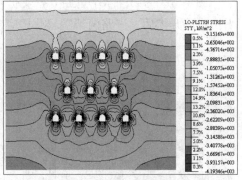

图 4-99　竖向应力云图

图 4-100 为第三水平进路开挖完成后在无支护状态下围岩最大剪切应变规律。变化规律与第一、二水平进路开挖后相同。

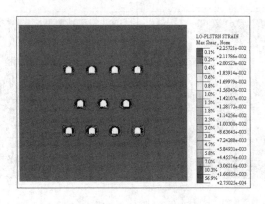

图 4-100　最大剪切应变云图

4.3.4.2　开挖支护模拟结果

A　第一水平支护后

图 4-101 和图 4-102 给出第一水平进路开挖支护状态下围岩位移变化情况。图 4-101 显示水平方向位移最大值为 0.54mm，发生在拱腰位置；图 4-102 显示竖向位移最大值为 0.46mm，发生在拱顶位置。

图 4-103 和图 4-104 给出第一水平进路开挖支护状态下围岩应力变化情况。由于原岩应力的作用，在进路开挖后，产生应力释放。第一水平进路开挖后水平方向和竖直方向均受到压应力。图 4-103 显示水平方向应力最大值为 0.87MPa；图 4-104 显示竖向应力最大值为 2.43MPa；顶底板承受的水平方向应力大于两帮的应力；两帮承受的竖向应力大于顶底板的应力。

图 4-105 为第一水平进路开挖支护状态下围岩最大剪切应变规律。由图可以看出进路开挖后，进路两帮围岩剪切应变较大，影响范围在 0.3m 左右。

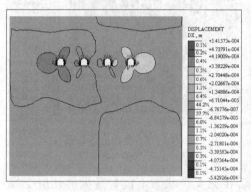

图 4-101　水平位移云图

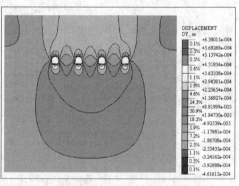

图 4-102　竖向位移云图

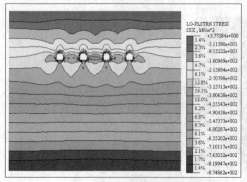

图 4-103　水平应力云图

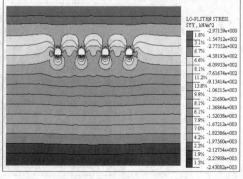

图 4-104　竖向应力云图

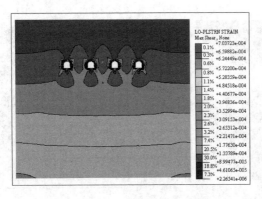

图 4-105　最大剪切应变云图

B　第二水平支护后

图 4-106 和图 4-107 给出第二水平进路开挖支护状态下围岩位移变化情况。图 4-106 显示水平方向位移最大值为 1.12mm；图 4-107 显示竖向位移最大值为 0.87mm。

图 4-108 和图 4-109 给出第二水平进路开挖支护状态下围岩应力变化情况。变化规律和第一水平进路开挖后相似。图 4-108 显示水平方向应力最大值为 1.12MPa；图 4-109 显示竖向应力最大值为 3.12MPa。

图 4-110 为第二水平进路开挖支护状态下围岩最大剪切应变规律。变化规律与第一水平进路开挖后相同。

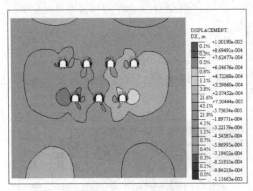

图 4-106　水平位移云图

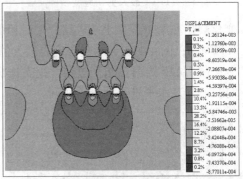

图 4-107　竖向位移云图

C　第三水平支护后

图 4-111 和图 4-112 给出第三水平进路开挖支护状态下围岩位移变化情况。图 4-111 显示水平方向位移最大值为 1.97mm；图 4-112 显示竖向位移最大值为 1.64mm。

图 4-113 和图 4-114 给出第三水平进路开挖支护状态下围岩应力变化情况。

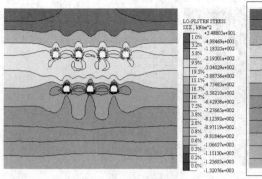

图 4-108　水平应力云图　　　　　　　图 4-109　竖向应力云图

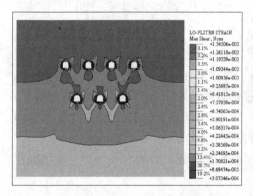
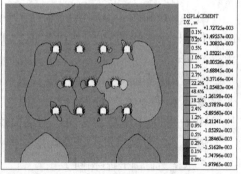

图 4-110　最大剪切应变云图　　　　　　图 4-111　水平位移云图

变化规律和第一、二水平进路开挖后相似。图 4-113 显示水平方向应力最大值为
1.82MPa；图 4-114 显示竖向应力最大值为 3.75MPa。

　　图 4-115 为第三水平进路开挖支护状态下围岩最大剪切应变规律，变化规律
与第一、二水平进路开挖后相同。

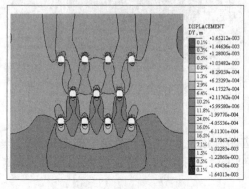
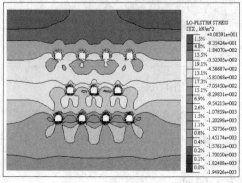

图 4-112　竖向位移云图　　　　　　　图 4-113　水平应力云图

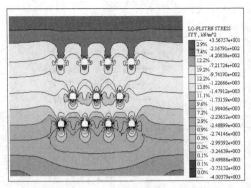

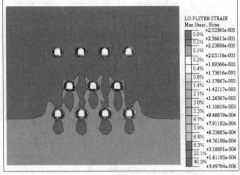

图4-114 竖向应力云图　　　　　图4-115 最大剪切应变云图

4.3.4.3 计算结果对比分析

根据模拟步骤提取不同水平进路开挖未支护和开挖支护后监测点位移变化情况进行对比分析，对比图如图4-116~图4-118所示。由不同监测点对比图可以看出进路支护后位移得到了有效控制。

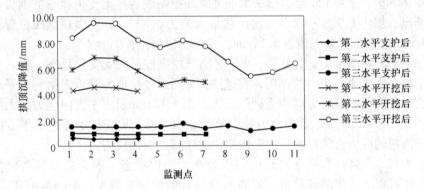

图4-116 巷道开挖、支护后拱顶沉降曲线图

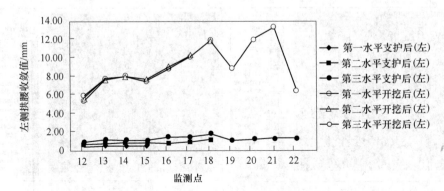

图4-117 巷道开挖、支护后左侧拱腰收敛曲线图

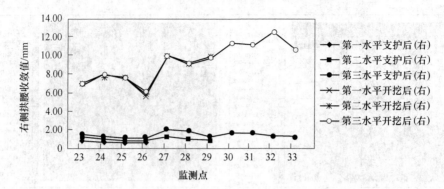

图 4-118　巷道开挖、支护后右侧拱腰收敛曲线图

4.3.5　Ⅳ级围岩模拟计算结果分析

4.3.5.1　开挖未支护模拟结果

A　第一水平开挖

图 4-119 和图 4-120 给出第一水平进路开挖完成后在无支护状态下围岩位移变化情况。图 4-119 显示水平方向位移最大值为 5.83mm，发生在拱腰位置；图 4-120 显示竖向位移最大值为 5.11mm，发生在拱顶位置。

图 4-121 和图 4-122 给出第一水平进路开挖完成后在无支护状态下围岩应力变化情况。由于原岩应力的作用，在进路开挖后，产生应力释放。第一水平进路开挖后水平方向和竖直方向均受到压应力。图 4-121 显示水平方向应力最大值为 0.96MPa；图 4-122 显示竖向应力最大值为 2.66MPa；顶底板承受的水平方向应力大于两帮的应力；两帮承受的竖向应力大于顶底板的应力。

图 4-123 为第一水平进路开挖完成后在无支护状态下围岩最大剪切应变规律。由图可以看出进路开挖后，进路两帮围岩剪切应变较大，影响范围在 0.4m 左右。

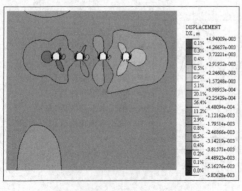

图 4-119　水平位移云图

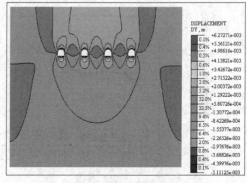

图 4-120　竖向位移云图

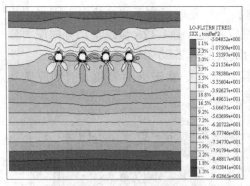

图 4-121 水平应力云图

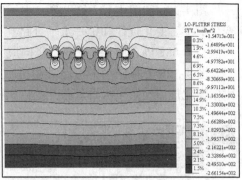

图 4-122 竖向应力云图

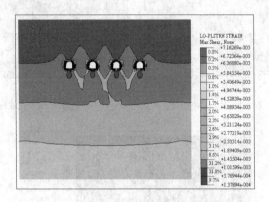

图 4-123 最大剪切应变云图

B 第二水平开挖

图 4-124 和图 4-125 给出第二水平进路开挖完成后在无支护状态下围岩位移变化情况。图 4-124 显示水平方向位移最大值为 11.0mm；图 4-125 显示竖向位移最大值为 9.15mm。

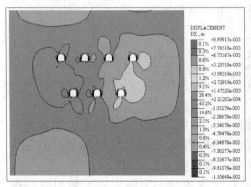

图 4-124 水平位移云图

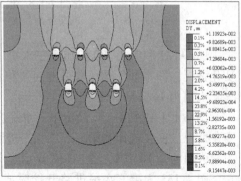

图 4-125 竖向位移云图

图 4-126 和图 4-127 给出第二水平进路开挖完成后在无支护状态下围岩应力变化情况。变化规律和第一水平进路开挖后相似。图 4-126 显示水平方向应力最大值为 1.68MPa；图 4-127 显示竖向应力最大值为 2.96MPa。

图 4-128 为第二水平进路开挖完成后在无支护状态下围岩最大剪切应变规律，变化规律与第一水平进路开挖后相同。

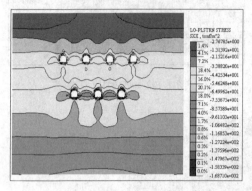

图 4-126　水平应力云图　　　　　　图 4-127　竖向应力云图

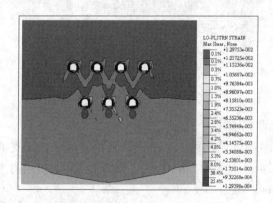

图 4-128　最大剪切应变云图

C　第三水平开挖

图 4-129 和图 4-130 给出第三水平进路开挖完成后在无支护状态下围岩位移变化情况。图 4-129 显示水平方向位移最大值为 16.6mm；图 4-130 显示竖向位移最大值为 14.2mm。

图 4-131 和图 4-132 给出第三水平进路开挖完成后在无支护状态下围岩应力变化情况。变化规律和第一、二水平进路开挖后相似。图 4-131 显示水平方向应力最大值为 2.18MPa；图 4-132 显示竖向应力最大值为 3.75MPa。

图 4-133 为第三水平进路开挖完成后在无支护状态下围岩最大剪切应变规律。变化规律与第一、二水平进路开挖后相同。

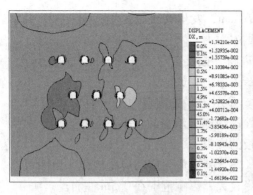

图 4-129　水平位移云图

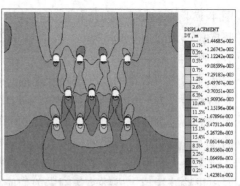

图 4-130　竖向位移云图

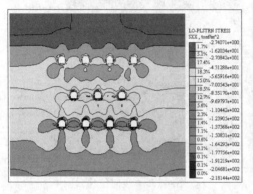

图 4-131　水平应力云图

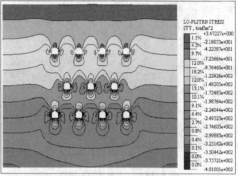

图 4-132　竖向应力云图

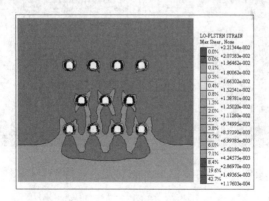

图 4-133　最大剪切应变云图

4.3.5.2　开挖支护模拟结果

A　第一水平支护后

图 4-134 和图 4-135 给出第一水平进路开挖支护状态下围岩位移变化情况。

图 4-134 显示水平方向位移最大值为 0.61mm，发生在拱腰位置；图 4-135 显示竖向位移最大值为 0.52mm，发生在拱顶位置。

图 4-136 和图 4-137 给出第一水平进路开挖支护状态下围岩应力变化情况。由于原岩应力的作用，在进路开挖后，产生应力释放。第一水平进路开挖后水平方向和竖直方向均受到压应力。图 4-136 显示水平方向应力最大值为 0.87MPa；图 4-137 显示竖向应力最大值为 2.43MPa；顶底板承受的水平方向应力大于两帮的应力；两帮承受的竖向应力大于顶底板的应力。

图 4-138 为第一水平进路开挖支护状态下围岩最大剪切应变规律，由图可以看出进路开挖后，进路两帮围岩剪切应变较大，影响范围在 0.3m 左右。

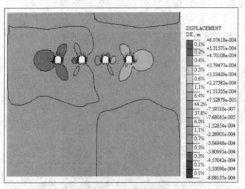

图 4-134　水平位移云图

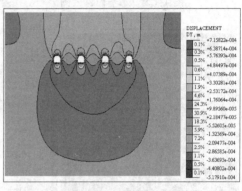

图 4-135　竖向位移云图

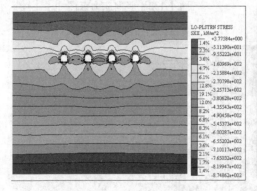

图 4-136　水平应力云图

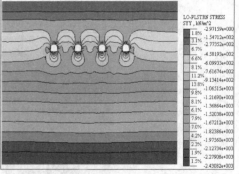

图 4-137　竖向应力云图

B　第二水平支护后

图 4-139 和图 4-140 给出第二水平进路开挖支护状态下围岩位移变化情况。图 4-139 显示水平方向位移最大值为 1.25mm；图 4-140 显示竖向位移最大值为 0.98mm。

图 4-141 和图 4-142 给出第二水平进路开挖支护状态下围岩应力变化情况。

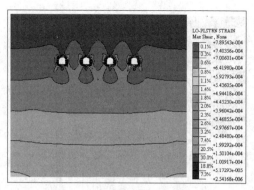

图 4-138　最大剪切应变云图

变化规律和第一水平进路开挖后相似。图 4-141 显示水平方向应力最大值为 1.32MPa；图 4-142 显示竖向应力最大值为 3.12MPa。

图 4-143 为第二水平进路开挖支护状态下围岩最大剪切应变规律。变化规律与第一水平进路开挖后相同。

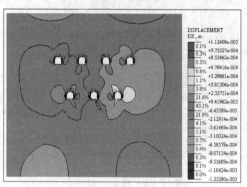

图 4-139　水平位移云图

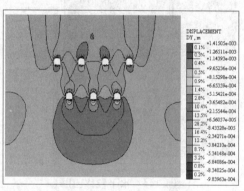

图 4-140　竖向位移云图

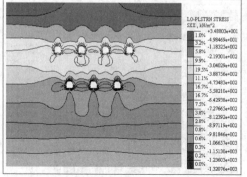

图 4-141　水平应力云图

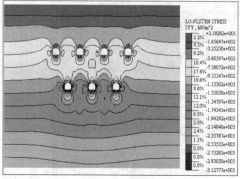

图 4-142　竖向应力云图

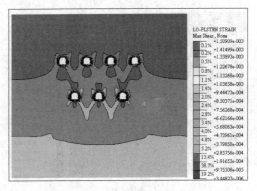

图 4-143　最大剪切应变云图

C　第三水平支护后

图 4-144 和图 4-145 给出第三水平进路开挖支护状态下围岩位移变化情况。图 4-144 显示水平方向位移最大值为 2.22mm；图 4-145 显示竖向位移最大值为 1.84mm。

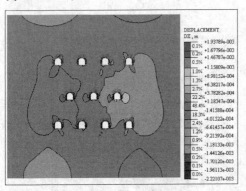

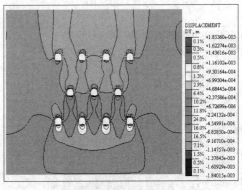

图 4-144　水平位移云图　　　　　　　　　图 4-145　竖向位移云图

图 4-146 和图 4-147 给出第三水平进路开挖支护状态下围岩应力变化情况。

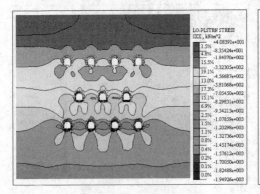

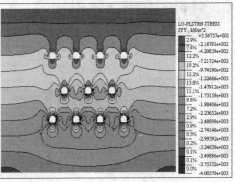

图 4-146　水平应力云图　　　　　　　　　图 4-147　竖向应力云图

变化规律和第一、二水平进路开挖后相似。图 4-146 显示水平方向应力最大值为 1.94MPa；图 4-147 显示竖向应力最大值为 3.75MPa。

图 4-148 为第三水平进路开挖支护状态下围岩最大剪切应变规律。变化规律与第一、二水平进路开挖后相同。

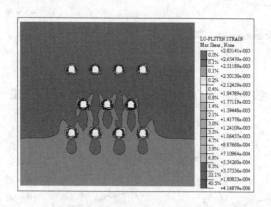

图 4-148　最大剪切应变云图

4.3.5.3　计算结果对比分析

根据模拟步骤提取不同水平进路开挖未支护和开挖支护后监测点位移变化情况进行对比分析，对比图如图 4-149～图 4-151 所示。由不同监测点对比图可以看出进路支护后位移得到了有效控制。

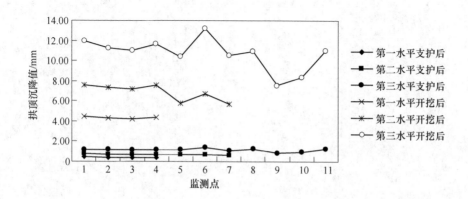

图 4-149　巷道开挖、支护后拱顶沉降曲线图

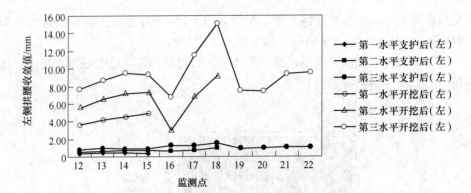

图 4-150　巷道开挖、支护后左侧拱腰收敛曲线图

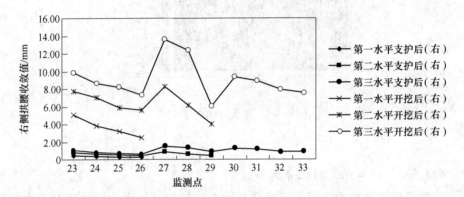

图 4-151　巷道开挖、支护后右侧拱腰收敛曲线图

5 地下矿山滞留采空区工程稳定性研究

铁矿床采空区是指铁矿回采过程中未及时处理，累积形成的结构复杂的巨大开挖空间。我国矿山具有点多、分布广，贫矿多，矿床条件复杂，早期开采集约化程度低、技术落后、装备水平及安全保障能力低等特点，造成我国矿山存在着大量滞留采空区。据相关资料，截至 2009 年，对有色、黑色、黄金、化工、建材 5 个行业领域，25 个省市的 457 家矿山企业的采空区进行调查，采空区规模达 4.32 亿立方米，其中铁矿山滞留采空区总规模为 0.786 亿立方米。

随着采空区暴露时间的增加，其稳定性越来越差，深部矿体开采条件恶化，造成矿产资源的破坏和浪费，影响矿山生产和安全，岩石崩塌、滑坡、泥石流、地面塌陷、地表植被破坏等地质灾害时有发生。

本章结合典型矿山滞留采空区工程，采用数值分析方法对滞留采空区工程稳定性评价、监测方案制定、充填治理顺序、充填治理效果进行系统的介绍。

5.1 滞留采空区稳定性综合分析模型

将滞留采空区稳定性分析方法——三带理论、岩石移动带理论、数值模拟理论三者有机结合，形成了铁矿床滞留采空区稳定性综合分析模型，并以典型矿山为例，对其滞留采空区稳定性影响进行了定性和定量分析。

5.1.1 滞留采空区稳定性综合分析模型

5.1.1.1 "三带理论" 定性评价方法

矿体开采后破坏了原有平衡的应力场，应力要重新分配达到平衡，导致采空区上覆岩层产生运动而形成了冒落带、裂隙带及弯曲带三个带。

(1) 冒落带。矿体顶板由于受采矿的影响，紧靠矿体上方的覆岩由于破碎而冒落的区域称为冒落带，冒落后的破碎岩石起到支撑上覆未崩落岩层的作用。常采用如下经验公式来计算冒落带高度：

$$h = \frac{m}{k-1} \tag{5-1}$$

式中，m 为采空区高度；k 为岩体的松散系数，一般为 $1.25 \sim 1.50$。

(2) 裂隙带。冒落带的上方为裂隙带，该带内由于岩层下沉弯曲，变形量大，使岩层沿层理裂开形成离层，并在拉应力作用下产生大量垂直于岩层的裂隙，从而使带内岩体失去了原有的整体性。

（3）弯曲带。裂隙带上方岩层仅出现下沉弯曲，呈整体移动，称为弯曲带或整体移动带。该带内岩层一般不再破裂，只在重力作用下产生法向弯曲，故岩层较好地保持了原有的整体性。

将上述三带相加，就得到采空区形成的变形带。根据变形带高度和矿体埋深之间的关系可以判断采空区是否对地表造成变形破坏。

作为定性评价覆岩移动的"三带理论"在我国应用较广，积累了一定的经验。但根据式（5-1），计算冒落带的高度只考虑了矿体采厚因素，忽略了围岩性质、矿体倾角等因素影响，这在一定程度上影响判断的准确性。

5.1.1.2　岩石移动带定性评价方法

地下矿体开采后形成采空区，其上盘岩层及倾角较陡，下盘岩层在自重和上覆岩层的作用下，逐渐发生变形、移动和崩落，并向上部扩展，当采空区扩大到一定范围后，这种过程逐渐发展至地表，形成陷落区。同时由于围岩移动，在一定范围内形成移动带，处于移动范围内的工程和建筑物，都有可能遭受变形破坏。通常采用岩石上下盘移动角或陷落角确定岩石变形破坏的影响范围，如图5-1所示。位于移动范围内的建筑物可能因变形而破坏。

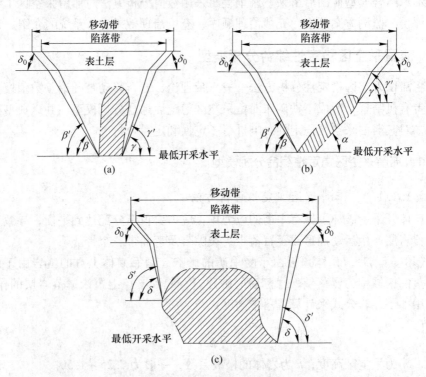

图 5-1　岩石破坏与移动范围
（a）垂直走向剖面 α 大于 γ 及 γ'；（b）垂直走向剖面 α 小于 γ 及 γ'；（c）沿走向剖面
α—矿体倾角；γ'—下盘陷落角；γ—下盘移动角；β'—上盘陷落角；β—上盘移动角；
δ'—走向端部陷落角；δ—走向端部移动角；δ_0—表土移动角

利用该方法定性地评价采空区对地表建筑物的影响破坏，简单实用，直观明了。但由于复杂地质条件影响，不易确定陷落角和移动角。

5.1.1.3 数值模拟方法

三带理论可以定性地分析判断采空区的变形破坏是否能发展到地表，但不能判断采空区的沉陷变形在地表的影响范围。利用岩石移动带评价方法，只能定性分析采空区在地表的影响范围。近年来，由于计算机软件的开发，数值仿真技术在工程实践中得到了广泛应用。该技术是在获得岩体力学参数的基础上，进行岩移的数值仿真分析，能定量地分析采空区对上覆岩层的影响程度。

5.1.1.4 稳定性综合分析方法

通过三带理论分析得出采空区的冒落带、裂隙带和弯曲带的范围，通过岩石移动带理论得出围岩移动范围，将三带理论和岩石移动带理论得出的结论植入有限元模型，使三者有机结合，可以构成准确、仿真的采空区稳定性综合分析模型。

5.1.2 工程背景

以某矿山采空区工程为研究背景，该矿山于2005开工建设，2006年建成投产，主要开采 Fe_{23} 号矿体。矿山有2条开采矿体，截至2010年已开采346m、323m和303m三个中段。采矿方法属空场法，为巷道挑顶型采场，运输巷道布置在脉内，巷道即采场，采高10m左右，顶柱高10m左右，详见图5-2。

矿区2005年建设时地表情况简单，周围没有任何建筑物以及铁路、公路等设施，2007年在矿区南侧约100m处修建了京通铁路，之后又陆续建设了乡村公路、村公园、矿区办公室、职工宿舍、村文化活动中心、宾馆、小学等公共设施，其中村公园、矿区办公室、职工宿舍、村文化活动中心、宾馆、小学等建筑，详见图5-3。矿山经多年开采，形成了一定面积的采空区，目前虽然没有出

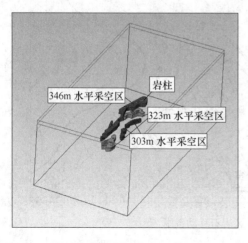

图5-2 采空区现状

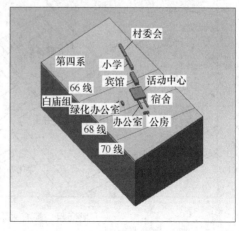

图5-3 矿山地表周边环境

现采空区垮落现象，但随着采空区暴露时间的增加，地压活动也会逐渐增强，逐渐威胁各个井筒和地表建筑物的安全。因此有必要对现有采空区对地表建（构）筑物的稳定性进行分析评价，为矿山进行滞留采空区的处理提供理论依据。

5.1.3　稳定性影响分析

5.1.3.1　"三带理论"定性评价

采用经验公式（5-1）来估算冒落带的高度。根据矿山开采阶段高度，采空区高度取10m，则冒落带的高度在20～40m。

裂隙带的高度约与冒落带相仿，则该铁矿裂隙带高度约为20～40m。

弯曲带的高度为裂隙带高度的5倍，则采空区形成弯曲带的高度在100～200m之间。

将上述三带相加，得铁矿采空区变形带的高度在140～280m。

该铁矿在边界346m水平开采后形成的采空区，距离地面深度一般在100m左右，可知该矿山现有采空区会造成地面一定范围内的变形破坏。

5.1.3.2　岩石移动带定性评价方法

根据矿山实际地质情况确定已有采空区的岩石移动范围，上盘按65°圈定，下盘按70°圈定，端部按75°确定，最终确定了采空区岩石移动范围，如图5-4所示。

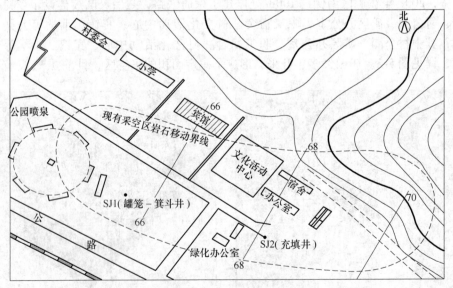

图5-4　现有采空区岩石移动范围

根据目前矿山现有采空区圈定的岩石移动带范围可以看出，文化活动中心、矿山竖井和花园的一些设施，均在范围之内，可见现有采空区会威胁到地面建（构）筑物的安全。

5.1.3.3 综合分析方法

A 计算模型

通过三带理论计算出冒落带、裂隙带和弯曲带的高度，通过岩石移动带理论计算出围岩移动范围，将两种方法得出的结论，植入有限元模型。三维实体网格模型如图 5-5 所示，采出矿体三维网格模型如图 5-6 所示。模型长 600m，宽 300m，高 210m，148679 个单元。

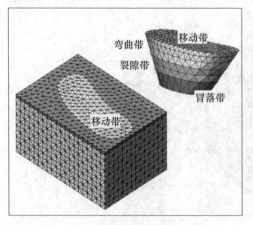

图 5-5　三维实体网格模型　　　　　图 5-6　矿体三维网格模型

B 模拟步骤

模拟步骤为：首先进行原岩应力计算，其次为分步开挖形成地下采空区，计算时共分三步开挖形成现状采空区，然后再进行时间效应模拟。

C 计算参数

模拟计算根据地质详查报告选取，力学参数见表 5-1。

表 5-1　力学参数

名　称	$\gamma/kN \cdot m^{-3}$	E/GPa	μ	C/MPa	$\varphi/(°)$
矿石	33	4.8	0.21	2.4	38
岩石	27	4.31	0.22	2.29	36
第四系	16	0.015	0.25	0.01	32

D 模拟结果分析

a 现状采空区稳定性数值模拟结果分析

结果分析选取最直接的地表位移参数为评价指标，结果如图 5-7 所示。

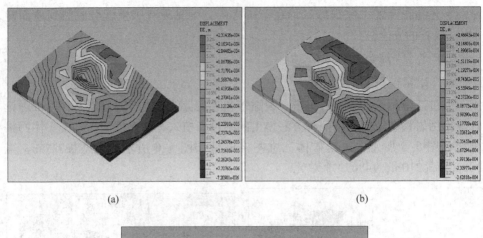

(a) 　　　　　　　　　　　　　　　　　　　(b)

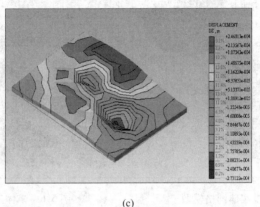

(c)

图 5-7 　地表沉降位移云图
（a）第一水平开挖模拟结果；（b）第二水平开挖模拟结果；（c）第三水平开挖模拟结果

因为第一水平顶板距地表有 100 多米距离，且采空区面积较小，因此第一水平开挖后对地表影响很小，地表沉降值仅为 0.007mm；第二水平开挖后，随着采空区范围的增大，地表沉降量明显，最大值为 0.27mm；第三水平开挖后地表沉降量为 0.26mm。

b 　时间效应模拟

从现状采空区稳定性数值模拟结果看，目前采空区对地表建筑物影响不大，矿区现场调查也证实了这一点。但是由于模拟均采用的是理想模型，采空区周围矿体及其围岩的岩石力学性质由于时间效应会使其弱化。即随着时间的推移，采空区在地下水、地质运动、井下采矿爆破等因素影响下围岩强度会逐渐降低。因此采空区的模拟必须考虑时间效应。如果采用现实时间进行模拟，硬件要求高，模拟时间相当大，为此本节通过弱化岩石移动范围内的围岩参数来模拟时间效应对采空区的影响。同样选取地表位移沉降值作为评价指标。结果如图 5-8 所示。

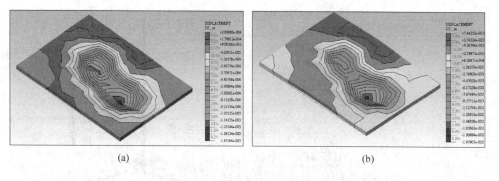

图 5-8 考虑时间效应的地表沉降位移云图
（a）岩体强度折减 10%；（b）岩体强度折减 40%

岩体强度折减 10% 后地表沉降量最大值为 1.5mm。当岩体强度折减 40% 后地表沉降量最大值为 19mm，已经接近地下工程开挖引起地表建筑物沉降的警戒值（参考相关文献地下工程开挖地表建筑物沉降警戒值为 20mm），可见矿山现有采空区会对地表建筑物安全产生威胁，因此矿山应及时对采空区进行处理。

5.2 滞留采空区稳定性监测方案研究

以典型大型复杂滞留采空区矿山为研究对象，在分析矿山开采与滞留采空区现状的基础上，基于有限元理论对矿山地压活动敏感区域进行模拟研究后，提出了采用 12 个通道的微震监测系统，实现对地压危害的有效监控，并对监测方案进行了详细设计。

5.2.1 矿山与采空区概述

某矿山 2001 年 7 月投产，设计年产量 25 万吨，服务年限 21 年。矿体采用竖井-盲竖井联合开拓，主井底至 −130m 水平，回风井底至 +20m 水平，共分为 −40m、−85m、−127m、−130m、−145m、−168m、−175m 八个水平开采，其中 −40m 以上矿体遭小矿点破坏，所采矿量很少。采矿方法主要采用浅孔留矿法，开拓系统如图 5-9 所示。

该矿自 2001 年 7 月投产至 2009 年 8 月，累计采出矿量 302.26 万吨（包括副矿产矿石 13 万吨），截至目前，剩余矿量约 70 万吨，正在生产的采场 21 个，现有采空区共 49 个，采空区总体积 58.4 万立方米，正在生产的采场放空区总体积 17.9 万立方米。49 个采空区总体积大小不一，1 万立方米以上的 21 个，其中单个最大采空区顶板暴露面积达 1100 m^2，体积 4.68 万立方米。

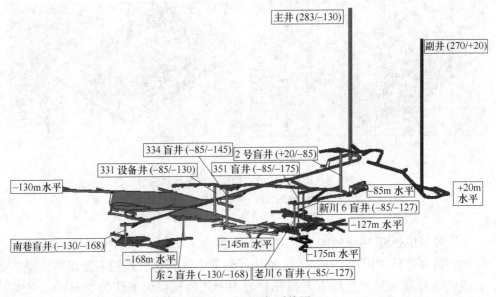

图 5-9　矿区开拓系统图

5.2.2　地压监测

5.2.2.1　监测目标

根据矿体的开采现状，在矿房周围留有大小不等的矿柱，矿柱对采空区有一定的支撑作用。在长期的地压作用下，局部发生蠕变或破坏，从而引起采空区冒落。由此可见，为了下一步安全生产需要，针对矿柱附近的监测显得尤其重要。

5.2.2.2　监测技术路线与设备选择

针对井下采空区的塌落危害，主要进行矿体采空区围岩及其矿柱地压活动监测，其基本技术路线为：现场调查→地压监测网建立→实时监测→数据分析→预测预警。

目前主要手段：采取声发射定位系统，实现对地压危害的有效监控。

声发射连续监测方法：采用多通道声发射定位系统对某一区域实施连续监测，利用到达各探头的时差和波速关系可确定震源位置，从而评价、预测岩体的破坏位置，及时掌握地压发展的动态规律。

5.2.3　监测系统布置

矿山采用的是空场采矿法里的留矿采矿法，采场垂直走向布置，矿块宽16m，矿块长约40m左右。经过多年的采矿，留下大量采空区。根据监测技术路线，布置12个通道的微震监测系统。为了充分发挥微震监测系统的作用，将有限的传感器应用于危险性较大的采空区，首先对采空区的情况进行数值计算分析，确定传感器的布置区域。

5.2.3.1 基于有限元法的敏感区域揭示

采用大型有限元分析软件 Midas/gts，选用 4 节点实体单元对岩层进行三维数值模拟计算，通过结果分析确定既有采空区对围岩的影响敏感区，为监测方案提供技术基础支撑。

A 模型设计

依据弹塑性理论和工程类比，计算模型范围的选取通常由开挖空间的跨度和高度确定：外边界左右取跨度的 3~5 倍，上下取高度的 3~5 倍，在所取范围之外可认为不受开挖等施工因素的影响，即在这些边界处可忽略开挖等施工所引起的应力和位移。同时，保证模型不出现刚体位移及转动。

根据矿区采空区情况确定模型长和宽 1500m，高 800m，模型有 40907 个节点，354531 个单元。模型网格如图 5-10 所示。

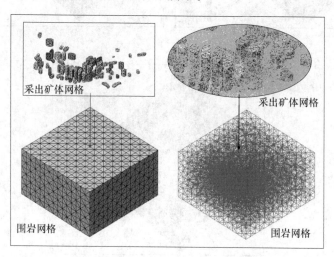

图 5-10　矿区模型网格图

模型围岩参数如表 5-2 所示。

表 5-2　模型围岩参数

名　称	$\gamma / \mathrm{kN \cdot m^{-3}}$	E/GPa	μ	C/MPa	$\varphi/(°)$
矿石	31	4.9	0.21	2.5	38
岩石	28	4.61	0.22	2.39	36
表土	17	0.016	0.25	0.02	32

B   模拟结果分析

模拟步骤为：初始应力、矿房开挖、围岩敏感区域分析；提取不同水平的位移和应力云图进行分析。

a   +20m 水平模拟结果分析

模型 +20m 水平的位移和应力云图如图 5-11 和图 5-12 所示。

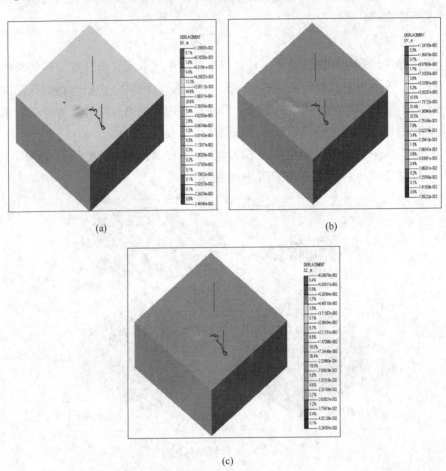

(a)

(b)

(c)

图 5-11   +20m 水平位移云图
(a) X 方向；(b) Y 方向；(c) Z 方向

根据 +20m 水平模拟计算结果图可以看出位移、应力值都很小，说明采空区对本水平围岩影响较小，同时因本水平的已有巷道工程限制，本水平布置监测点难度较大。

b   -85m 水平模拟结果分析

模型 -85m 水平的位移和应力云图如图 5-13 和图 5-14 所示。

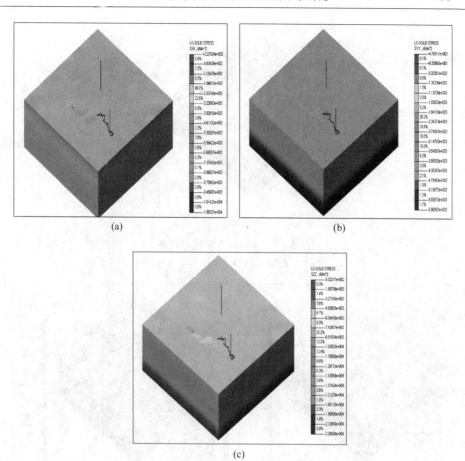

图 5-12 +20m 水平应力云图
(a) X 方向；(b) Y 方向；(c) Z 方向

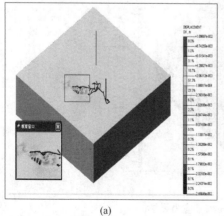
(a)

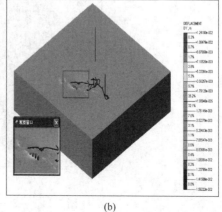
(b)

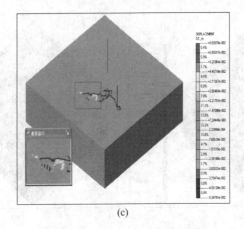

(c)

图 5-13　　 −85m 水平位移云图

(a) X 方向；(b) Y 方向；(c) Z 方向

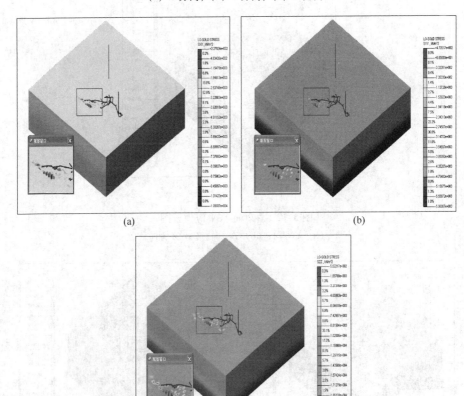

图 5-14　　 −85m 水平应力云图

(a) X 方向；(b) Y 方向；(c) Z 方向

根据 -85m 水平模拟计算结果图可以看出位移值不大，但应力值较大，特别是 -130m 水平采空区顶板对应的位置，说明 -85m 水平以下采空区对本水平围岩影响较大，因此本水平应根据计算结果同时结合已有巷道工程布置合理监测点。

c -130m 水平模拟结果分析

模型 -130m 水平的位移和应力云图如图 5-15 和图 5-16 所示。

根据 -130m 水平模拟计算结果图可以看出位移值不大，但应力值较大，特别是 -130m 以下水平采空区顶板对应的位置，说明 -130m 水平以下采空区对本水平围岩影响较大，因此本水平应根据计算结果同时结合已有巷道工程布置合理监测点。

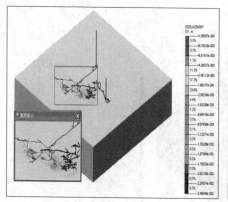
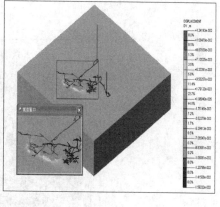

(a)　　　　　　　　　　　　　　(b)

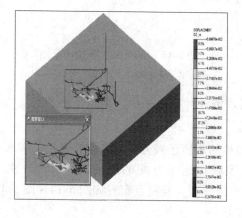

(c)

图 5-15　-130m 水平位移云图

(a) X 方向；(b) Y 方向；(c) Z 方向

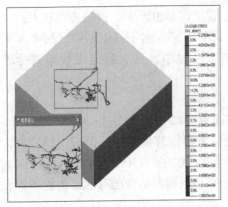
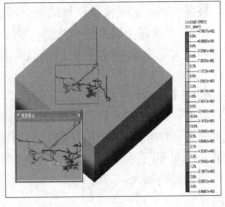

(a)   (b)

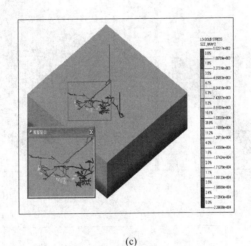

(c)

图 5-16   -130m 水平应力云图
(a) X 方向；(b) Y 方向；(c) Z 方向

5.2.3.2   监测方案设计

A   传感器布置

根据有限元法模拟的敏感区域分析同时结合矿山已有水平巷道工程，依照监测点布置接近敏感区域和施工方便的原则，在 -85m 水平布置 6 个传感器，-130m 水平布置 6 个传感器。监测点布置如图 5-17 ~ 图 5-19 所示。

B   监测硐室布置

根据现场踏勘，利用 -130m 水平的探矿巷道作为监测硐室，按施工要求对其进行改造。硐室高 2.5m（要求其底板比相邻巷道底板高 30cm），断面宽 3m，长 5m，用砖墙隔开并设门窗，如图 5-20 所示。

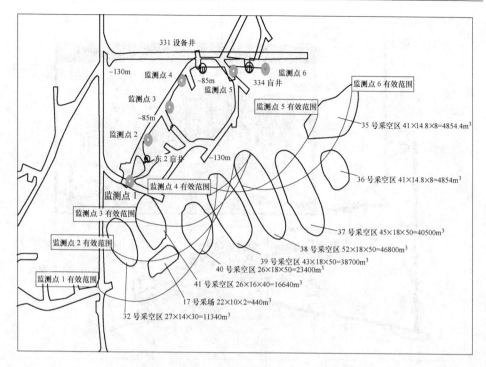

图 5-17　−85m 水平监测点布置与监测范围图

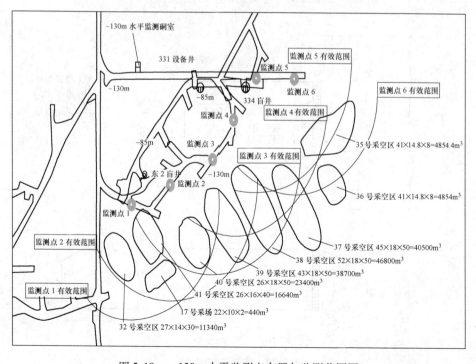

图 5-18　−130m 水平监测点布置与监测范围图

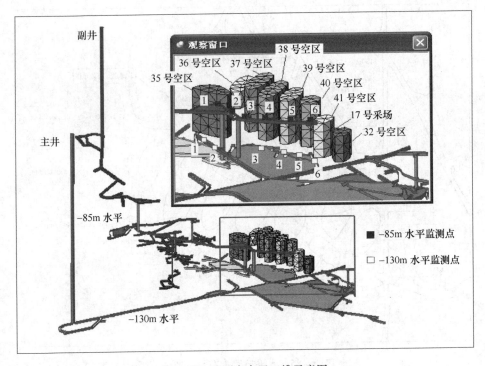

图 5-19　监测点布置三维示意图

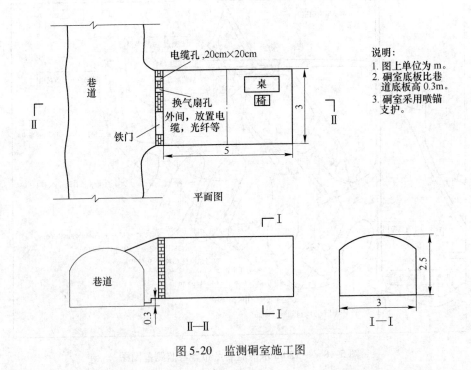

图 5-20　监测硐室施工图

a 技术要求

要求对开凿的监测硐室顶部进行喷浆支护,并在顶部设置木板顶,墙壁用水泥抹平后进行白色粉刷,底部可用水泥抹平,也可铺设地瓷砖。

在监测硐室接入220V电源,并安装照明灯和接线插座(有一个备用的多插孔插线板);配桌子、椅子各1张(摆放监测系统);另需配置除湿烘烤灯一盏。

硐室需装好防盗铁门,配锁,并在外侧预留方孔(20cm×20cm)一个,用于走线(探头线、光纤等)。

地表办公室要求配电脑桌和椅子各1张。

监测孔和硐室走线之间需布置挂钩,用于安置数据线。

b 硐室装备与安装辅助材料

硐室装备与安装辅助材料见表5-3。

表5-3 硐室装备与安装辅助材料

名 称	单 位	数 量	型 号	备 注
桌子	张	2		
椅子	张	2		
灯泡	个	2	红外	硐室烘干,可选其他型号
2m长直木棍	根	1	$\phi20\sim30mm$	装设探头

C 传感器钻孔

矿方根据施工方案和现场的标记进行打孔(孔要求为水平孔,$\phi60mm$,孔深根据每个孔的位置要求在3~10m,$\phi40mm$的,孔深为2.5m,孔要求清渣)和开凿监测硐室(要求其底板比相邻巷道底板高30cm)。

D 布线

井下线缆靠近巷道壁悬挂敷设,敷设高度适宜,易于以后维修更换。水平巷道内的线缆悬挂点间距为3.0~5.0m,传感器安装处视现场环境预留一定长度的线缆。井上根据现场实际情况采用架空方式。各种线缆避免靠近电力电缆敷设,如遇到电力电缆、架空线与传感器电缆交叉的地方,交叉处应另外加屏蔽措施和防护电火花装置,并保证传感器电缆、光缆在架空线上方经过。避免过往行人、矿车的刮蹭,减小爆破作业等活动对线缆的破坏影响。线缆穿过风门、硐室部分时,每条线缆用塑料管或垫皮保护。巷道内的线缆每隔一定距离和在巷道岔口处,悬挂标志牌,具体视现场情况而定。不可将电缆悬挂在风、水管上,线缆应敷设在管子的上方,与其净距不小于300mm。监测设备硐室内电力电缆的敷设应根据现场具体布置位置确定。线缆连接处,最好采用焊接,再外加包扎,如无焊接条件,可采用手工连接牢固,并用绝缘胶带包扎。现场安装的时候,应该注意各种线缆和转换设备的连接对应关系和连接注意事项等。

E　监测预警

在监测实践中逐步完成地压监测系统，形成监测数据库系统，基于监测数据建立稳定性分析预报系统，实现监测预警。

5.3　滞留采空区治理顺序优化方法研究

基于有限元理论，提出了以滞留采空区应力场和地表变形为主要考虑因素的铁矿床滞留采空区治理顺序优化方法。以某矿山为例，在分析滞留采空区的应力场和地表变形规律的基础上，对采空区的危险等级进行了划分，最终确定了滞留采空区的充填滞留顺序，验证了优化方法的可行性。

5.3.1　工程背景

以典型地表复杂条件下开采矿山为研究背景，该矿山于 2005 年开工建设，2006 年建成投产，主要开采 Fe_{23} 号矿体。矿山有 2 条竖井开采矿体，截至 2010 年已开采 346m、323m 和 303m 三个中段，采矿方法属空场法，运输巷道布置在脉内，采高 15m 左右。顶柱高 10m 左右。采空区现状详见表 5-4。

表 5-4　采空区现状调查表

中段标高/m	采空区高度/m	采空区编号	采空区面积/m^2	采空区体积/m^3
303	15	1	362	3620
		2	189	1890
		3	261	2610
		4	580	5800
323	14	5	860	9460
		6	308	3388
		7	1236	13596
346	15	8	1780	17800
		9	1050	10500
合　　计			6626	68664

目前虽然该矿没有出现采空区垮落现象，但随着采空区暴露时间的增加，地压活动也会逐渐增强，逐渐威胁各个井筒和地表建筑物的安全，因此采空区充填治理工作急需进行。

5.3.2　滞留采空区应力场分布与地表变形规律研究

采空区空间和方位分布及计算坐标系如图 5-21 所示。

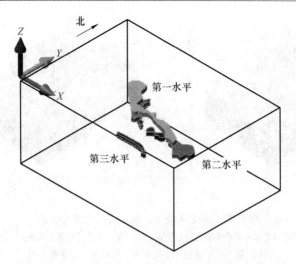

图 5-21　采空区空间和方位分布及计算坐标系图

5.3.2.1　滞留采空区应力场分布规律

应力场模拟结果如图 5-22 所示，图中数据"＋"号代表拉应力，"－"号代表压应力，单位为 kPa。

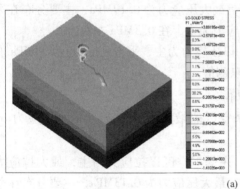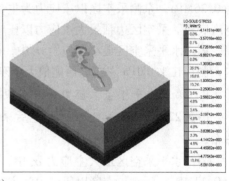

(a)

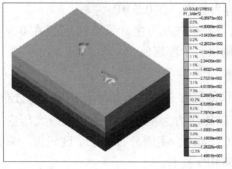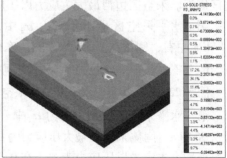

(b)

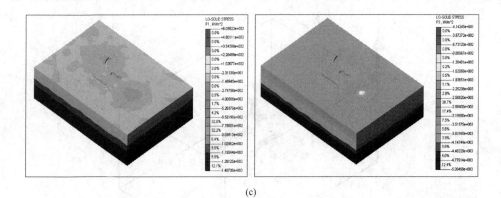

(c)

图 5-22　采空区最大、最小主应力分布云图

（a）第一水平开挖采空区最大、最小主应力分布云图；（b）第二水平开挖采空区最大、最小主应力分布云图；
（c）第三水平开挖采空区最大、最小主应力分布云图

A　第一水平采空区应力场分布规律

图 5-22（a）为第一水平开挖后采空区的最大主应力 σ_1 和最小主应力 σ_3 分布。

第一水平采空区最大主应力 σ_1 中，西侧采空区以拉应力为主，最大拉应力为 0.26MPa，东侧采空区以压应力为主，最大压应力为 0.19MPa，主要分布在采空区底板。采空区边帮最大主应力以压应力为主，在 0.3MPa 左右。

第一水平采空区最小主应力 σ_3 中，以压应力为主，采空区底板在 1.4MPa 左右，侧帮在 1.8MPa 左右。西侧值大于东侧值。

B　第二水平采空区应力场分布规律

图 5-22（b）为第二水平开挖后采空区的最大主应力 σ_1 和最小主应力 σ_3 分布。

第二水平采空区最大主应力 σ_1 中，东侧采空区以拉应力为主，最大拉应力为 0.29MPa，西侧采空区以压应力为主，最大压应力为 0.13MPa，主要分布在采空区底板。采空区边帮最大主应力以压应力为主，在 0.5MPa 左右。

第二水平采空区最小主应力 σ_3 中，以压应力为主，采空区底板在 0.9 ~ 1.8MPa 左右，侧帮在 2.3MPa 左右。东侧值大于西侧值。

C　第三水平采空区应力场分布规律

图 5-22（c）为第三水平开挖后采空区的最大主应力 σ_1 和最小主应力 σ_3 分布。

第三水平采空区最大主应力 σ_1 中，以压应力为主，北侧采空区最大压应力为 0.56MPa，南侧采空区最大压应力为 0.72MPa，主要分布在采空区底板。采空区边帮最大主应力以压应力为主，在 0.68MPa 左右。

第三水平采空区最小主应力 σ_3 中，以压应力为主，采空区底板和侧帮在

2.9MPa 左右。底板值大于侧帮值。

5.3.2.2 地表变形规律研究

A 第一水平采空区对地表变形影响分析

第一水平开挖后地表位移变形云图如图 5-23 所示。

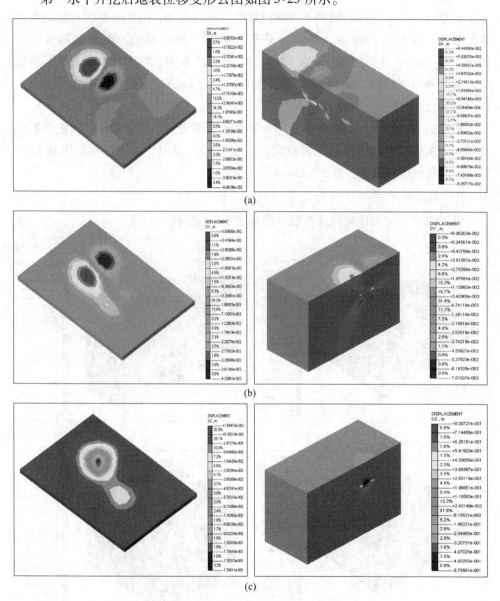

图 5-23 第一水平开挖后地表位移变形云图

（a）地表 X 方向位移变形云图；（b）地表 Y 方向位移变形云图；
（c）地表 Z 方向位移变形云图

　　根据第一水平开挖后地表 X 方向位移变形云图可知，西侧采空区对地表影响范围较大，西侧采空区东西两侧向采空区中部产生了移动，西侧位移范围在 10.2 ~ 30.5mm，东侧位移范围在 10.7 ~ 40.1mm。东侧采空区因暴露面积较小，位移变形未影响到地表。

　　根据第一水平开挖后地表 Y 方向位移变形云图可知，西侧采空区对地表影响范围较大，西侧采空区南北两侧向采空区中部产生了移动，南侧位移范围在 10.6 ~ 39.3mm，北侧位移范围在 12.9 ~ 43.3mm。东侧采空区对地表影响范围较小，规律和西侧相同，南侧位移范围在 8.2 ~ 12.4mm，北侧位移范围在 9.2 ~ 13.8mm。

　　根据第一水平开挖后地表 Z 方向位移变形云图可知，西侧采空区对地表影响范围大于东侧，采空区顶板位置对应的地表变形值最大，西侧位移范围在 12 ~ 134mm，东侧位移范围在 8.5 ~ 25mm。

　　B　第二水平采空区对地表变形影响分析

　　第二水平开挖后地表位移变形云图如图 5-24 所示。

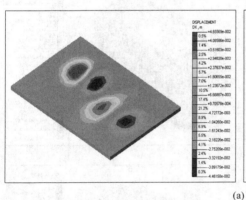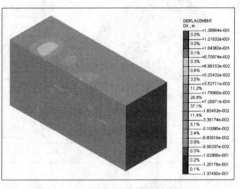

(a)

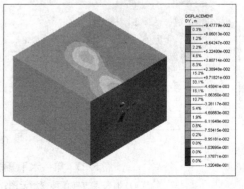

(b)

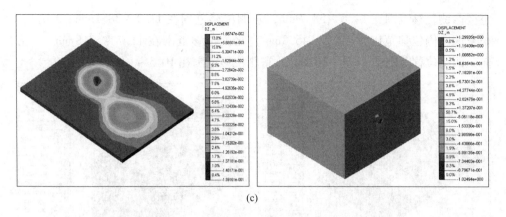

(c)

图 5-24　第二水平开挖后地表位移变形云图

(a) 地表 X 方向位移变形云图；(b) 地表 Y 方向位移变形云图；(c) 地表 Z 方向位移变形云图

根据第二水平开挖后地表 X 方向位移变形云图可知，西侧采空区位于第一水平采空区正下方，其对地表位移影响范围的变化影响不大，但位移值增加了，西侧采空区西侧位移范围在 16.5~46.5mm，东侧位移范围在 13.1~40.6mm。东侧第二水平采空区面积大于第一水平，其开挖后，位移变形影响到地表，东侧采空区西侧位移范围在 13.8~37.7mm，东侧位移范围在 10.2~36.1mm。

根据第二水平开挖后地表 Y 方向位移变形云图可知，西侧采空区位于第一水平采空区正下方，其对地表位移影响范围的变化影响不大，但位移值增加了，东侧第二水平采空区面积大于第一水平，其开挖后，位移变形发展到地表，影响范围扩大。同时，在两层采空区影响下东西采空区对地表的影响范围耦合一起，采空区南北两侧位移值范围相差不大。采空区南侧位移范围在 11.2~46.3mm，北侧位移范围在 10.7~51.8mm。

根据第二水平开挖后地表 Z 方向位移变形云图可知，在第二水平矿体开挖后，西侧采空区位于第一水平采空区正下方，其对地表位移影响范围的变化影响不大，但位移值增加了，东侧第二水平采空区面积大于第一水平，其开挖后地表影响范围扩大。同时，两层采空区对地表的影响范围耦合一起，面积大于西侧采空区范围，但最大位移值小于西侧采空区，西侧位移范围在 10.5~159mm，东侧位移范围在 10.5~124mm。

C　第三水平采空区对地表变形影响分析

第三水平开挖后地表位移变形云图如图 5-25 所示。

根据第三水平开挖后地表三个方向位移变形云图可知，在第三水平矿体开挖后，地表三个方向的位移影响范围没有扩大，只是变形值增加了。X 方向：西侧采空区西侧位移范围在 16.8~48.9mm，东侧位移范围在 14.8~42.5mm；东侧采空区西侧位移范围在 14.8~38.7mm，东侧位移范围在 11.2~38.1mm。Y 方向：采空区南侧位移范围在 12.2~46.8mm，北侧位移范围在 11.7~53.8mm。Z 方向：西侧位移范围在 11.3~162mm，东侧位移范围在 10.5~128mm。

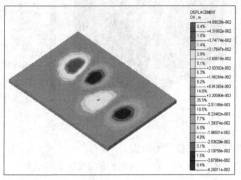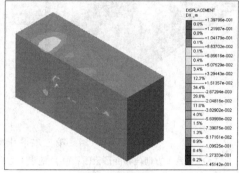

(a)

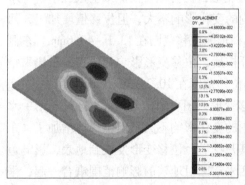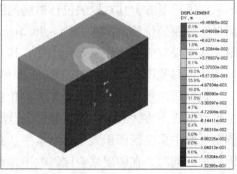

(b)

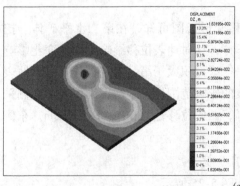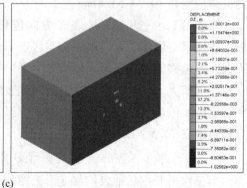

(c)

图 5-25　第三水平开挖后地表位移变形云图

(a) 地表 X 方向位移变形云图；(b) 地表 Y 方向位移变形云图；

(c) 地表 Z 方向位移变形云图

5.3.3 滞留采空区充填顺序优化研究

5.3.3.1 采空区危险性分级

地下采空区的危险度分为4级，对应的危险状态等级评定如下：I级特大危险性、II级重大危险性、III级较大危险性和IV级一般危险性。基于采空区围岩应力分布规律和采空区对地表影响程度对其进行危险度分级，分级情况如表5-5所示。

表5-5 各水平采空区危险等级表

水　平	采空区位置	危险等级
第一水平	西侧	I
	东侧	II
第二水平	西侧	II
	东侧	III
第三水平	北西侧	III
	北东侧	IV
	南侧	IV

5.3.3.2 采空区充填顺序的确定

在确定地下采空区充填顺序时，先充填危险度最大的采空区，再充填危险度较小的采空区。对于危险度相同的采空区，则先充填下中段采空区，再充填上中段采空区。根据上述原则，可确定采空区的充填顺序为：

（1）第一水平由采场西侧向东侧后退式充填；

（2）第二水平先充东采场后充西采场；

（3）第三水平由北向南、由东向西充填各采场。

采空区充填顺序如图5-26所示。

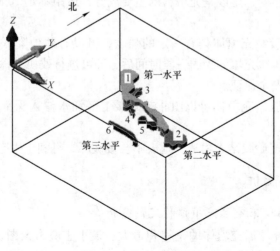

图5-26 采空区充填顺序

5.4　滞留采空区充填治理效果分析方法研究

　　基于有限元理论，提出了以滞留采空区充填体安全评价和地表变形控制为主要考虑因素的铁矿床滞留采空区治理效果分析方法。以某矿山为例，在分析滞留采空区充填后充填体位移和应力场规律分析的基础上，运用 Mohr-Coulomb 准则对充填体敏感点进行了安全系数计算，并采用对比法分析了采场开挖不充填和充填两种方案的地表变形控制效果，综合分析了该铁矿床滞留采空区充填治理效果。

5.4.1　工程概况与治理方案

　　该矿山已经形成了 6.866 万立方米的采空区，地表有村宾馆、活动中心、公园、办公室、铁路等建（构）筑物，且大部分处于采空区陷落带内，如果采用隔离法处理采空区，采空区随着时间的增加会引起覆岩塌陷，导致地表移动，最终影响到地表建（构）筑物的稳定，给附近居民造成灾难性的后果，严重威胁人民生命财产安全，影响社会和谐稳定。

　　采用崩落法处理采空区，地表建（构）筑物不但会直接毁坏，而且处理大面积的采空区施工组织困难，同时爆破产生地震波，会对地表建筑物产生影响，容易引发安全事故和民事纠纷。

　　综上所述，采空区处理方案不能采用隔离法和崩落法，只能采用充填法。充填法处理采空区分为干式充填和湿式充填，为了确保地表建筑物和井筒安全可靠，选择全尾砂胶结充填采空区处理方案。

　　采用全尾砂胶结充填采空区有如下先决条件和优点：

　　（1）可以利用现有的 2 条竖井，节省井巷工程的投入。

　　（2）充填物料充足，运距短。该矿的选矿厂距矿区不足 1000m，选矿厂尾矿库堆置了大量的尾砂，尾砂是充填料的主要成分，运距不足 1000m，可以节省大量的运费。

　　（3）全尾砂胶结充填体具有一定的强度，可以有效地降低采空区围岩的应力集中，减小地压，充填体凝固一段时间后，即可进行残矿和深部矿体回采，给矿体开采提供了安全保证。

　　（4）全尾砂胶结充填体可以阻止或减缓上部涌水渗入深部各中段，降低了井下排水费用。

　　（5）采用全尾砂胶结充填法，地表不会被破坏，有利于生态环保。

5.4.2　治理效果分析

5.4.2.1　滞留采空区充填体稳定性分析

　　提取采空区充填后充填体的位移和最大、最小主应力云图，如图 5-27 和图5-28 所示。

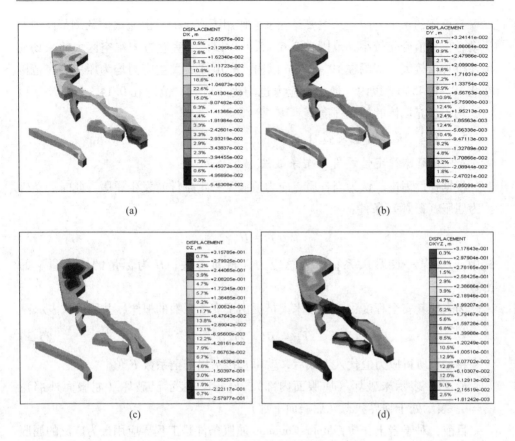

图 5-27 充填体位移云图

（a）X 方向位移云图；（b）Y 方向位移云图；（c）Z 方向位移云图；（d）XYZ 方向位移云图

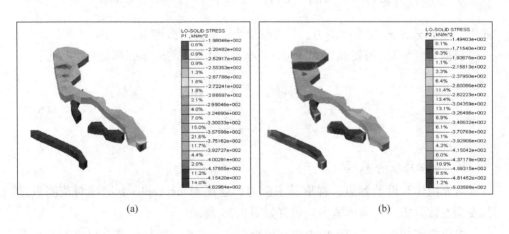

图 5-28 充填体主应力云图

（a）最大主应力云图；（b）最小主应力云图

充填体的水平方向位移主要是在围岩作用下产生的，由充填体的侧帮向中心运动，位移值变化较小，范围在 2.6~5.4cm 以内。垂直方向采空区大的采场充填体位移值较大，范围在 19~25cm 以内。充填体最大主应力均为压应力，范围在 0.19~0.45MPa 以内，最小主应力也均为压应力，范围在 0.14~0.50MPa 以内，均小于充填体的抗压强度值。

5.4.2.2 充填体稳定性评价

A 充填体稳定性评价安全系数法

根据弹性理论，认为当各质点应力值满足一定条件时发生屈服，此时的条件称为屈服（破坏）条件：

$$f(\sigma) = H(\chi) \tag{5-2}$$

式中，f 为某一函数关系；σ 为总应力，材料参数；H 为标量的内变量 χ 的函数。

为表征其安全程度，工程技术人员提出了安全系数的概念，并用下式表示：

$$F_s = H(\chi)/f(\sigma) \tag{5-3}$$

将分析所得应力值代入上式后，就可直接求出安全系数 F_s 值。

$F_s > 1$，表示未破坏（屈服面内部）；$F_s < 1$，表示已破坏（屈服面外部）；$F_s = 1$，表示处于临界状态（屈服面上部）。

目前，对于岩土介质，Mohr-Coulomb 屈服条件是工程界应用最为广泛的屈服条件之一，其主应力表示形式为：

$$f(\sigma_1, \sigma_2, \sigma_3) = \frac{1}{2}(\sigma_1 - \sigma_3) - \frac{1}{2}(\sigma_1 + \sigma_3)\sin\varphi - C\cos\varphi = 0 \tag{5-4}$$

式中，σ_1，σ_2，σ_3 均为主应力；C 为黏聚力；φ 为内摩擦角。

根据式（5-3）可得满足 Mohr-Coulomb 屈服条件的岩体破坏安全系数为：

$$F_s = \frac{C\cos\varphi + \dfrac{\sigma_1 + \sigma_3}{2}\sin\varphi}{\dfrac{\sigma_1 - \sigma_3}{2}} \tag{5-5}$$

B 充填体安全系数计算

对充填体布设监测点，提取其主应力，运用 Mohr-Coulomb 准则对监测点进行安全系数分析。充填体监测点布置如图5-29所示。

提取充填体监测点的主应力值，根据公式（5-5）进行计算可得出不同水平充填体监测点的安全系数，如表5-6~表5-8所示。

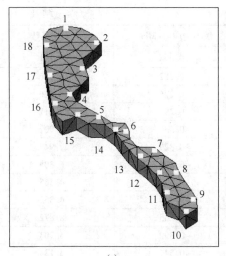

(a)

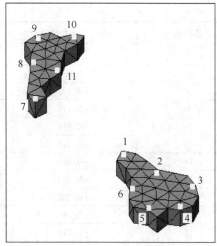

(b)

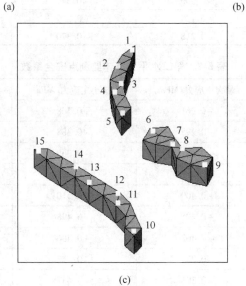

(c)

图 5-29　充填体监测点布置图

（a）一水平监测点布置；（b）二水平监测点布置；（c）三水平监测点布置

表 5-6　第一水平充填体监测点安全系数

监测点	最大主应力/MPa	最小主应力/MPa	安全系数
1	-0.090	-0.366	3.386
2	-0.121	-0.299	5.335
3	-0.139	-0.241	9.512
4	-0.120	-0.257	7.111

监测点	最大主应力/MPa	最小主应力/MPa	安全系数
5	− 0. 209	− 0. 352	6. 161
6	− 0. 087	− 0. 282	4. 976
7	− 0. 135	− 0. 276	6. 776
8	− 0. 178	− 0. 299	7. 617
9	− 0. 241	− 0. 330	9. 902
10	− 0. 216	− 0. 329	7. 947
11	− 0. 261	− 0. 395	6. 304
12	− 0. 209	− 0. 398	4. 565
13	− 0. 255	− 0. 444	4. 355
14	− 0. 158	− 0. 265	8. 872
15	− 0. 248	− 0. 392	5. 903
16	− 0. 300	− 0. 541	3. 134
17	− 0. 129	− 0. 339	4. 430
18	− 0. 218	− 0. 370	5. 765

表 5-7　第二水平充填体监测点安全系数

监测点	最大主应力/MPa	最小主应力/MPa	安全系数
1	− 0. 261	− 0. 508	3. 193
2	− 0. 295	− 0. 388	8. 910
3	− 0. 182	− 0. 365	4. 873
4	− 0. 363	− 0. 480	6. 478
5	− 0. 409	− 0. 510	7. 145
6	− 0. 405	− 0. 498	7. 875
7	− 0. 403	− 0. 486	8. 863
8	− 0. 233	− 0. 372	6. 209
9	− 0. 301	− 0. 437	5. 885
10	− 0. 307	− 0. 424	6. 895
11	− 0. 323	− 0. 472	5. 227

表 5-8　第三水平充填体监测点安全系数

监测点	最大主应力/MPa	最小主应力/MPa	安全系数
1	− 0. 379	− 0. 504	5. 892
2	− 0. 308	− 0. 457	5. 299
3	− 0. 301	− 0. 429	6. 307
4	− 0. 403	− 0. 495	7. 948
5	− 0. 330	− 0. 449	6. 605

监测点	最大主应力/MPa	最小主应力/MPa	安全系数
6	−0.310	−0.418	7.495
7	−0.359	−0.464	7.262
8	−0.279	−0.424	5.666
9	−0.362	−0.474	6.796
10	−0.355	−0.466	6.878
11	−0.390	−0.488	7.513
12	−0.352	−0.466	6.694
13	−0.367	−0.486	6.289
14	−0.402	−0.496	7.819
15	−0.308	−0.432	6.492

5.4.2.3 地表变形控制效果分析

地表变形控制效果采用对比的方法进行分析，对采场开挖不充填和充填两种开采方法对地表的变形进行对比。

选取矿区的 66 线和 68 线在地表布设监测点，提取不同方案的模拟结果进行分析。监测点布置如图 5-30 所示，监测点沉降值对比如表 5-9 和表 5-10 及图 5-31 所示。通过不同方案的地表监测点沉降值对比表和曲线图，可以清晰地看出充填治理对地表变形值控制明显。

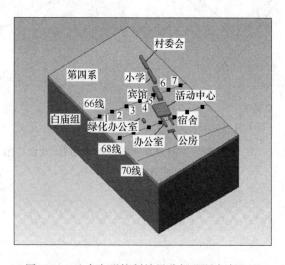

图 5-30 地表变形控制效果分析监测点布置图

表 5-9　66 线不同采矿方法监测点沉降对比表

监测点	充填后沉降值/mm	开挖后沉降值/mm	控制效果
1	3.41	7.93	132.40%
2	4.01	10.29	156.50%
3	-1.79	-2.45	36.90%
4	-32.34	-67.19	107.80%
5	-58.18	-134.23	130.70%
6	-16.34	-38.14	133.40%
7	5.08	11.49	126.40%

表 5-10　68 线不同采矿方法监测点沉降对比表

监测点	充填后沉降值/mm	开挖后沉降值/mm	控制效果
1	1.13	3.16	179.00%
2	-6.23	-12.35	98.30%
3	-32.9	-75.88	130.60%
4	-43.12	-110.44	156.10%
5	-17.28	-50.37	191.50%
6	-3.96	-6.59	66.40%
7	2.07	2.57	24.30%

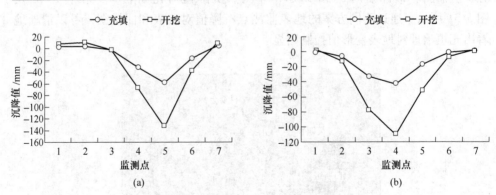

图 5-31　地表变形控制效果分析监测点沉降对比曲线图

(a) 66 线；(b) 68 线

6 地下矿山充填采场相关工程稳定性研究

目前矿山充填采场设计，国内外普遍采用经验方法进行配比设计，而没有相应的成熟理论指导。采用经验法进行充填配比设计，往往造成采矿设计不合理或采矿成本增大，而且经验类比法由于受主观性因素影响，难以得出真实可靠的结论。物理模拟实验得出的结论基本可靠，但是却耗时、耗力和耗费大量的财力。随着矿山岩石力学理论以及数值仿真技术的发展，数值模拟方法已成为分析地下开采时采场稳定性的有效方法。该方法具有快捷、计算成本小等优点，在现有理论成熟、计算模型合理以及力学参数正确的前提下，数值模拟所得到的结论具有一定的指导意义。

6.1 复杂地层矿床开采方案优化研究

以某复杂地层矿山为工程背景，采用工程类比法确定了 6 种方案，采用有限元理论建立了不同开采方案模型，运用 Midas/gts 有限元分析软件对方案进行了模拟，提取不同方案的位移指标进行对比分析，得出了适合复杂矿床的合理开采方案。

6.1.1 工程背景与开采方案

某铁矿矿床赋存在星干河松散第四系地层与 50m 左右的破碎岩层之下，开采技术条件复杂，因此应对开采方法和破碎带下保安矿柱进行优化设计。

根据矿区现状选择最具代表性的 15 线进行模拟。依据地质报告地层分为第四系、破碎带和围岩，参考类似矿山初定对破碎带下留设保安矿柱为 30m、40m、50m 三组情况进行模拟。采矿方法为空场法和嗣后充填法，矿房高 30m，顶柱 4m。因此，模拟方案为 6 个，如表 6-1 所示。开采方案优化模型如图 6-1 所示。

表 6-1 模拟方案

方 案	保 安 矿 柱	
1		30m
2	空场法	40m
3		50m
4		30m
5	嗣后充填法	40m
6		50m

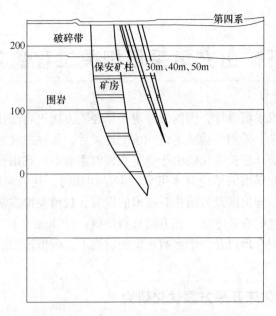

图 6-1　开采方案优化模型

6.1.2　模型建立

选择最具代表性的 15 线对不同方案进行模拟。开采方案优化网格模型如图 6-2 所示，围岩参数如表 6-2 所示。

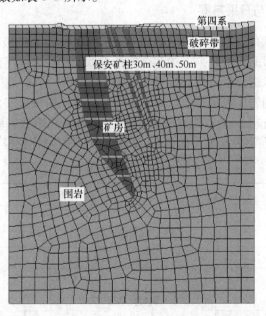

图 6-2　开采方案优化网格模型

表 6-2　围岩参数

名　称	$\gamma/kN \cdot m^{-3}$	E/GPa	μ	C/MPa	$\varphi/(°)$
矿石	33	4.8	0.21	2.4	38
岩石	27	4.31	0.22	2.29	36
表土	16	0.015	0.25	0.01	32
破碎带	20	0.05	0.28	0.02	31
充填体	22	0.38	0.3	0.03	30

6.1.3　模拟步骤

（1）空场法模拟步骤：初始地应力场→矿房开挖（荷载释放100%）。

（2）充填法模拟步骤：初始地应力场→矿房开挖（荷载释放30%）→矿房充填（荷载释放40%）→平衡分析（荷载释放40%）。

6.1.4　模拟结果分析

本次模拟提取最具有代表性的位移作为标准进行分析。

（1）空场法模拟结果如图6-3～图6-5所示。

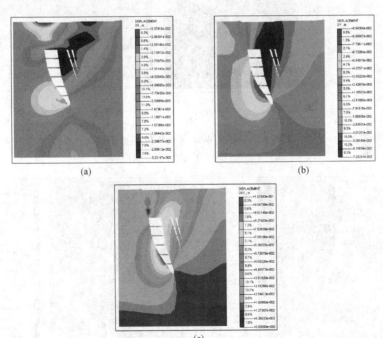

(a)　(b)　(c)

图 6-3　空场法 30m 保安矿柱模拟结果

(a) X 方向；(b) Y 方向；(c) XY 方向

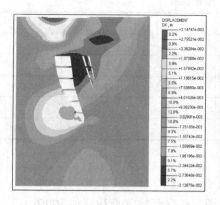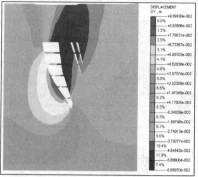

(a)　　　　　　　　　　　　　　　　(b)

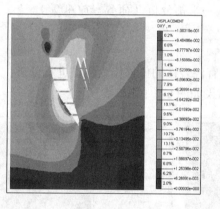

(c)

图 6-4　空场法 40m 保安矿柱模拟结果

（a）*X* 方向；（b）*Y* 方向；（c）*XY* 方向

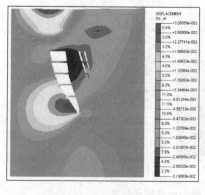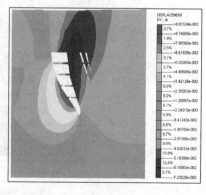

(a)　　　　　　　　　　　　　　　　(b)

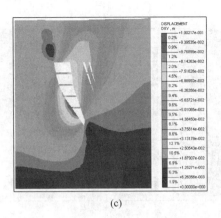

(c)

图 6-5　空场法 50m 保安矿柱模拟结果

（a）X 方向；（b）Y 方向；（c）XY 方向

（2）充填法模拟结果如图 6-6 ~ 图 6-8 所示。

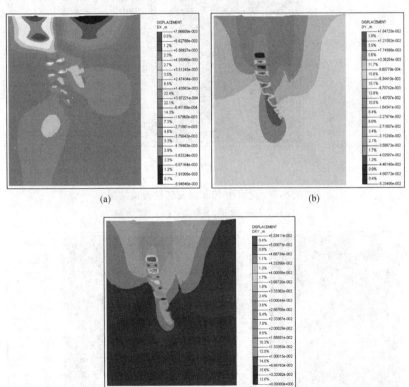

图 6-6　充填法 30m 保安矿柱模拟结果

（a）X 方向；（b）Y 方向；（c）XY 方向

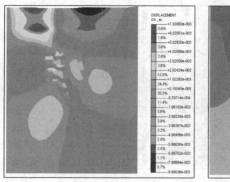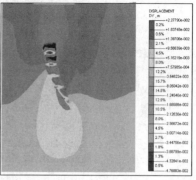

(a)　　　　　　　　　　　　　　　　　　　(b)

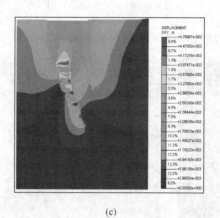

(c)

图 6-7　充填法 40m 保安矿柱模拟结果
(a) X 方向；(b) Y 方向；(c) XY 方向

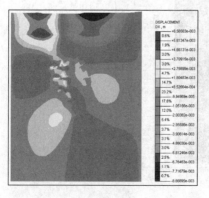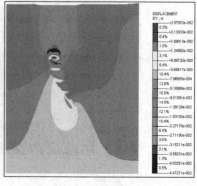

(a)　　　　　　　　　　　　　　　　　　　(b)

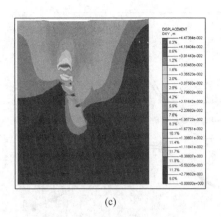

(c)

图 6-8 充填法 50m 保安矿柱模拟结果

(a) X 方向；(b) Y 方向；(c) XY 方向

（3）模拟结果分析。为清晰地分析不同方案的效果，在地表布设了 10 个监测点（见图 6-9），提取监测点的全位移生成曲线如图 6-10 所示。

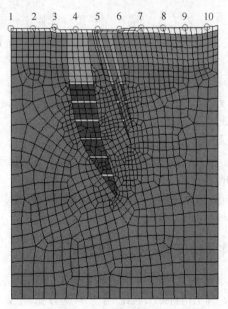

图 6-9 地表监测点布置图

根据不同方案监测点位移曲线图可以看出：

（1）采用空场法开采矿房，矿体上盘位移较大，不同安全矿柱方案位移值在 50～60mm 之间。可见地表移动范围和位移值较大，岩层发生移动，因地表有河流和农田，因此空场法方案不可行。

（2）采用充填法开采矿房，开挖矿体上方位移变化明显，不同安全矿柱方案

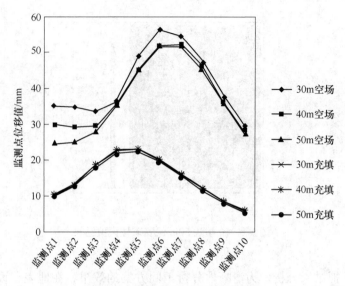

图 6-10 不同方案监测点位移曲线

位移变化值不大，在 20mm 左右。岩层在保安矿柱作用下没有发生显著移动，能有效地保护河流和农田，因此充填法方案可行，建议在破碎带下留设保安矿柱 40m。

6.1.5 小结

（1）采用空场法开采，地表移动范围和位移值较大，岩层发生移动，因地表有河流和农田，因此空场法方案不可行。

（2）采用充填法开采，地表移动范围和位移值较小，岩层在保安矿柱作用下没有发生显著移动，能有效地保护河流和农田，充填法方案可行，建议在破碎带下留设保安矿柱 40m。

（3）因模拟对矿床围岩进行了理想化，计算结果与实际有所出入，矿山在开采期间应对地表进行监测。

6.2 上向分层充填采场充填料配比优化研究

以某铁矿典型矿段采场为工程背景，根据矿山上向分层充填采矿法的特点及工程地质与环境条件，采用有限元理论建立采场分析模型，运用 Midas/gts 大型有限元分析软件，在分析揭示采场开挖后敏感区域的基础上，提出了采场充填料配比方案，然后对其方案进行模拟分析，根据计算结果，优化确定了尾砂胶结充填体的配比。

6.2.1 采场破坏敏感区域有限元分析

6.2.1.1 模型的建立

为进行采场分层充填优化设计，对矿山典型采场横剖面进行有限元分析，掌握在开采扰动时采场与围岩的地压活动情况,揭示采场破坏敏感区域。为了突出敏感区域,本次模拟模型选择了一个开采采场,模拟步骤为空场嗣后充填,模型左右范围取开挖采场的 3 倍,上部至地表,下部为采场高度 3 倍。左右施加水平约束,底部施加竖向约束。模型如图 6-11 所示,计算参数如表 6-3 所示。

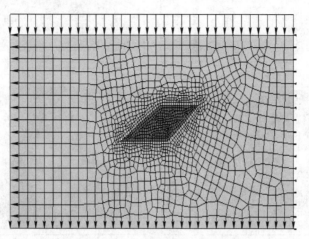

图 6-11　采场破坏敏感区域有限元分析模型

表 6-3　岩层计算参数

名　称	$\gamma/\text{kN} \cdot \text{m}^{-3}$	E/GPa	μ	C/MPa	$\varphi/(°)$
矿石	33	4.8	0.21	2.4	38
岩石	27	4.31	0.22	2.29	36
表土	16	0.015	0.25	0.01	32

6.2.1.2　计算与分析

计算结果图如图 6-12 所示。

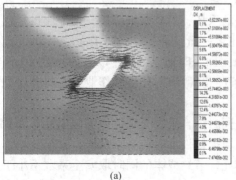

(a)

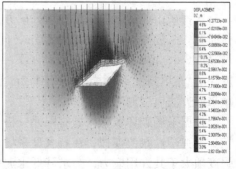

(b)

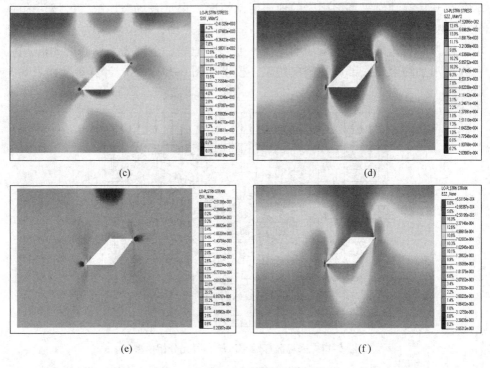

图 6-12　采场破坏敏感区域分析图

（a）水平方向位移矢量云图；（b）垂直方向位移矢量云图；（c）水平方向应力云图；
（d）垂直方向应力云图；（e）水平方向剪切应变云图；（f）垂直方向剪切应变云图

由图 6-12 可见，开采完毕后采空区周边应力降低，拉应力在采场顶板出现，侧帮与顶底交汇处拉应力较大，充填设计时应着重考虑。采场开挖后周边围岩向采空区移动，其中顶底板位移稍大，开挖破坏区域图也证实了上述现象，此时在采空区周边形成了不同程度的破坏区域。

6.2.2　采场分层充填配比优化分析

选择矿山典型上向分层充填采矿方法的采场，对其采场分层充填配比进行优化研究。采场高 60m，底柱高 3.5m，间柱 4~6m。第一分层回采高度 4.5m，充填高度 3m，留 1.5m 空顶，以利于下一分层回采时通风出矿。以后各分层回采高度 4m，充填高度 4m，始终保有 1.5m 空间，以利于下分层的作业。上向分层充填采矿方法模型如图 6-13 所示。

根据采场破坏敏感区域有限元分析，同时结合采场充填体所需强度计算和开挖二维弹塑性数值模拟，在特大型采场充填配比设计时应力求从简，遵循充填体强度须大于其许用应力，力求降低水泥单耗，节约成本的同时取安全系数不小于 1.2 的原则。

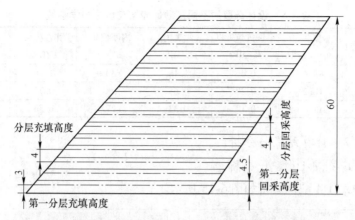

图 6-13　上向分层充填采矿方法模型图

本次设计采场充填料配比如表6-4所示。

表6-4　设计采场充填料配比

项　目	灰砂比	备　注
1	1:4	整个采场
2	1:8	整个采场
3	1:10	整个采场
4	1:4，1:8	采场顶底板1:4，中间1:8，均为采场1/4高度

6.2.2.1　采场分层充填配比优化模型建立

根据上向分层充填采矿方法模型建立采场分层充填配比优化模型（见图6-14），模拟步骤为采场实际开挖充填步骤。岩层参数如表6-3所示，不同灰砂比参数如表6-5所示。

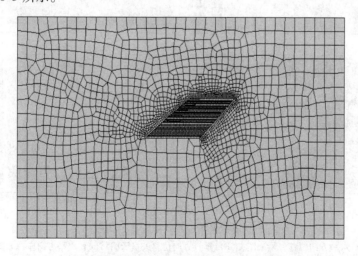

图 6-14　采场分层充填配比分析优化模型

表 6-5　设计选取的不同灰砂比胶结充填体力学参数

序号	灰砂比	重度 $\gamma/kN \cdot m^{-3}$	单轴抗拉强度 R_t/MPa	黏聚力 C/MPa	内摩擦角 $\varphi/(°)$	弹性模量 E/GPa	泊松比 μ
1	1:4	18.4	0.49	1.18	30	1.28	0.23
2	1:8	18.2	0.28	0.65	28	0.72	0.24
3	1:10	17.3	0.17	0.33	27	0.36	0.25

6.2.2.2　计算结果与分析

A　采场充填 1:4 配比分析

采场充填 1:4 配比分析如图 6-15 所示。

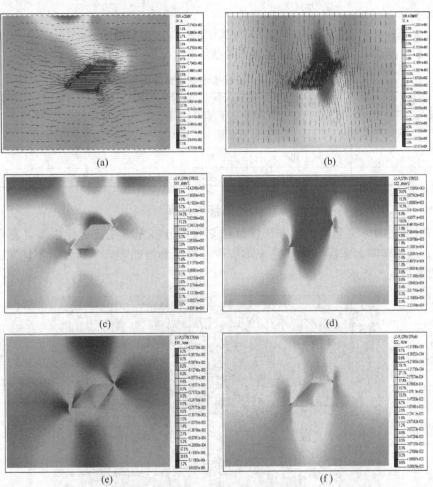

图 6-15　采场充填 1:4 配比分析图

(a) 水平方向位移矢量云图；(b) 垂直方向位移矢量云图；(c) 水平方向应力云图；
(d) 垂直方向应力云图；(e) 水平方向剪切应变云图；(f) 垂直方向剪切应变云图

根据计算结果可知采场采用1:4灰砂比充填料分层充填后，位移、应力和应变的增量值都很小。充填后采场开挖的位移和应力敏感区域没有增量的趋势，趋于稳定。

在采场顶底板角点、中间点和侧墙中间点布置监测点，如图6-16所示，对其位移值进行提取，得出监测点的水平和垂直位移值变化曲线图，如图6-17所示。

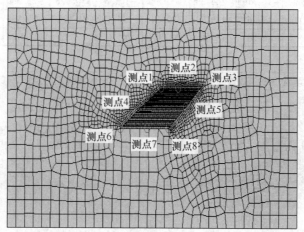

图6-16 采场监测点布置图

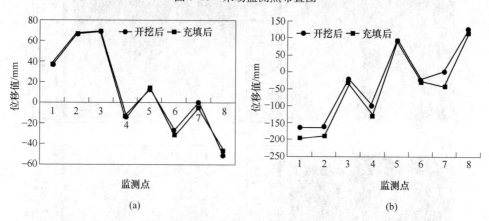

图6-17 监测点位移曲线图
（a）监测点水平位移曲线图；（b）监测点垂直位移曲线图

通过图6-17与表6-6可以看出，采场的顶底板位移值较大，沉降值大于水平位移值，充填后位移值得到了控制，增量最大的为监测点3和监测点6。

B 采场充填1:8配比分析

采场充填1:8配比分析如图6-18所示。

表 6-6　监测点位移值与变化百分比

监测点 X		1	2	3	4	5	6	7	8
位移值/mm	开挖后	37.218	67.581	68.457	−14.171	13.108	−27.136	−4.001	−51.544
	充填后	37.166	67.061	68.883	−14.081	14.267	−32.012	−4.242	−47.135
增量百分比/%		0.14	0.78	0.62	0.64	8.12	15.23	5.68	9.35
监测点 Z		1	2	3	4	5	6	7	8
位移值/mm	开挖后	−162.193	−164.399	−19.96	−101.84	110.728	−22.386	−42.105	126.303
	充填后	−193.687	−189.746	−32.641	−134.179	94.178	−30.878	−44.153	112.308
增量百分比/%		16.26	13.36	38.85	24.10	17.57	27.50	4.64	12.46

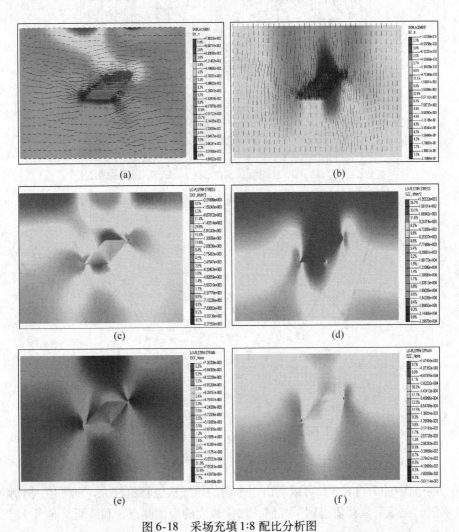

(a)　　　　　　　　　　　　　　(b)

(c)　　　　　　　　　　　　　　(d)

(e)　　　　　　　　　　　　　　(f)

图 6-18　采场充填 1:8 配比分析图

（a）水平方向位移矢量云图；（b）垂直方向位移矢量云图；（c）水平方向应力云图；
（d）垂直方向应力云图；（e）水平方向剪切应变云图；（f）垂直方向剪切应变云图

根据计算结果可知采场采用1:8灰砂比充填料分层充填后，位移、应力和应变的增量值与1:4灰砂比的值比较有所增加。充填后采场开挖的位移和应力敏感区域没有增量的趋势，趋于稳定。

通过图6-19与表6-7可以看出，采场的顶底板位移值较大，沉降值大于水平位移值，充填后位移值得到了控制，增量最大的为监测点3和监测点6。采场侧墙监测点位移增量增加，应变增加值变大。

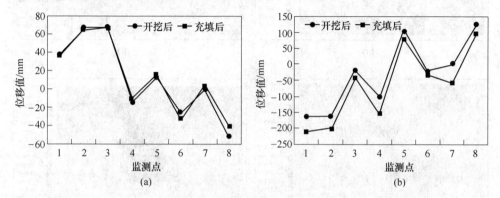

图6-19　监测点位移曲线图

(a) 监测点水平位移曲线图；(b) 监测点垂直位移曲线图

表6-7　监测点位移值与变化百分比

监测点 X		1	2	3	4	5	6	7	8
位移值/mm	开挖后	37.218	67.581	68.457	-14.171	13.108	-27.136	2.924	-51.544
	充填后	36.054	65.146	67.208	-10.474	15.694	-34.031	3.944	-40.952
增量百分比/%		3.23	3.74	1.86	35.30	16.48	20.26	25.86	25.86
监测点 Z		1	2	3	4	5	6	7	8
位移值/mm	开挖后	-162.193	-164.399	-19.96	-101.84	110.728	-22.386	-40.26	126.303
	充填后	-211.084	-202.99	-41.796	-156.13	78.695	-35.57	-58.42	95.126
增量百分比/%		23.16	19.01	52.24	34.77	40.71	37.06	31.09	32.77

C　采场充填1:10配比分析

采场充填1:10配比分析如图6-20所示。

根据计算结果可知采场采用1:10灰砂比充填料分层充填后，位移、应力和应变的增量值与1:8灰砂比的值比较有所增加。充填后采场开挖的位移和应力敏感区域有增量的趋势。

通过图6-21与表6-8可以看出，采场的顶底板位移值较大，沉降值大于水平位移值，充填后位移值得到了控制，增量最大的为监测点3和监测点6。采场侧墙监测点位移增量增加，应变增加值变大，产生了破坏区域。

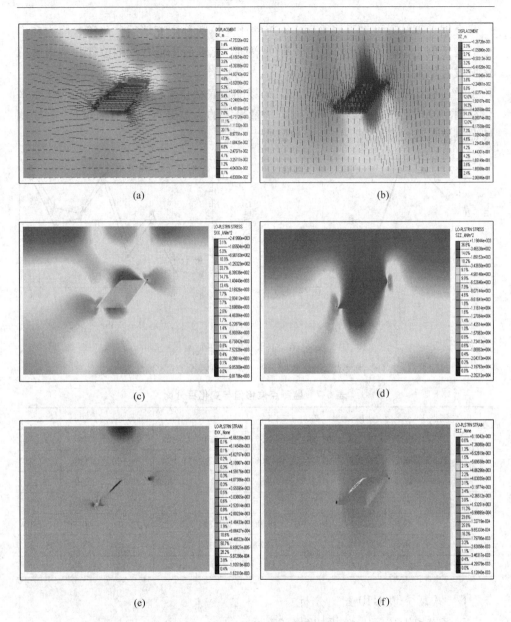

(a)　　　　　　　　　　　　　(b)

(c)　　　　　　　　　　　　　(d)

(e)　　　　　　　　　　　　　(f)

图 6-20　采场充填 1:10 配比分析图

（a）水平方向位移矢量云图；（b）垂直方向位移矢量云图；（c）水平方向应力云图
（d）垂直方向应力云图；（e）水平方向剪切应变云图；（f）垂直方向剪切应变云图

　　D　采场充填优化配比

　　根据采场采用 1:4、1:8 和 1:10 灰砂比充填模拟结果分析确定采场优化配比
为采场顶底板 1:4，中间 1:8，均为采场 1/4 高度。采场充填优化配比分析如图 6-
22 所示。

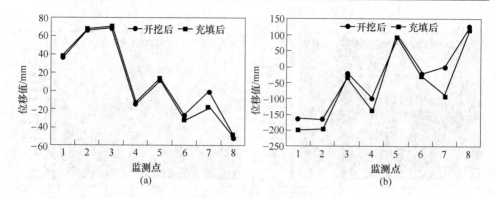

图 6-21 监测点位移曲线图

（a）监测点水平位移曲线图；（b）监测点垂直位移曲线图

表 6-8 监测点位移值与变化百分比

监测点 X		1	2	3	4	5	6	7	8
位移值/mm	开挖后	37.218	67.581	68.457	-14.171	13.108	-27.136	-12.536	-51.544
	充填后	37.799	67.938	70.457	-13.496	14.078	-32.643	-17.555	-48.301
增量百分比/%		1.56	0.53	2.92	4.76	7.40	20.29	40.04	6.29
监测点 Z		1	2	3	4	5	6	7	8
位移值/mm	开挖后	-162.193	-164.399	-19.96	-101.84	110.728	-22.386	-70.65	126.303
	充填后	-197.797	-195.279	-32.383	-136.873	97.251	-31.227	-90.064	115.286
增量百分比/%		21.95	18.78	62.24	34.40	12.17	39.49	27.48	8.72

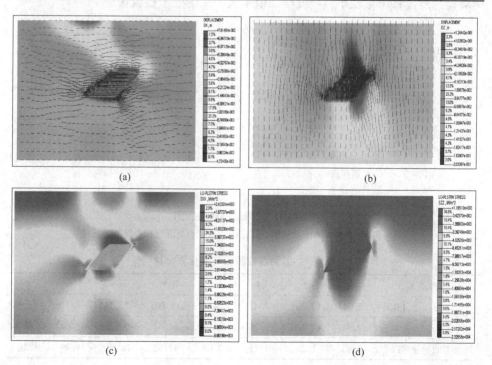

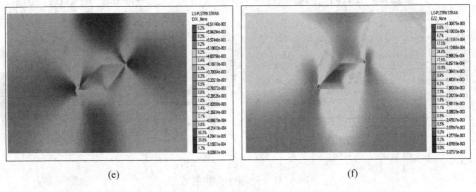

(e)　　　　　　　　　　　　　　　(f)

图 6-22　采场充填优化配比分析图

（a）水平方向位移矢量云图；（b）垂直方向位移矢量云图；（c）水平方向应力云图；

（d）垂直方向应力云图；（e）水平方向剪切应变云图；（f）垂直方向剪切应变云图

　　根据计算结果可知采场采用1:4、1:8灰砂比充填料分层充填后，位移、应力和应变的增量值与1:4灰砂比的值比较有所增加。但充填后采场开挖的位移和应力敏感区域没有增量的趋势，趋于稳定。

　　通过图6-23与表6-9可以看出，采场的顶底板位移值较大，沉降值大于水平位移值，充填后位移值得到了控制，增量最大的为监测点3点和监测点6。采场侧墙监测点位移增量较小，应变增加值不大，采场处于稳定状态。

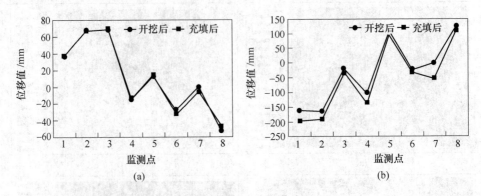

图 6-23　监测点位移曲线图

（a）监测点水平位移曲线图；（b）监测点垂直位移曲线图

表6-9　监测点位移值与变化百分比

监测点 X		1	2	3	4	5	6	7	8
位移值/mm	开挖后	37. 218	67. 581	68. 457	-14. 171	13. 108	-27. 136	-4. 726	-51. 544
	充填后	37. 447	67. 403	69. 266	-13. 742	14. 67	-32. 288	-5. 647	-47. 34
增量百分比/%		0. 62	0. 26	1. 18	3. 03	11. 92	18. 99	19. 49	8. 16

监测点 Z		1	2	3	4	5	6	7	8
位移值/mm	开挖后	-162.193	-164.399	-24.96	-101.84	110.728	-24.386	-47.86	126.303
	充填后	-195.222	-191.292	-32.849	-135.159	94.997	-31.116	-51.429	112.704
增量百分比/%		20.36	16.36	31.61	32.72	14.21	27.60	7.46	10.77

6.2.3 小结

（1）根据采场敏感区域揭示分析可知，采场开采完毕后采空区周边应力降低，拉应力在采场顶板出现，侧帮与顶底交汇处拉应力较大。采场开挖后周边围岩向采空区移动，其中顶底板位移稍大，在采空区周边形成了不同程度的破坏区域。

（2）通过对充填配比方案模拟计算结果分析可知，采场采用1:4、1:8灰砂比充填料分层充填后，位移、应力和应变的增量值与1:4灰砂比的值比较有所增加。但充填后采场开挖的位移和应力敏感区域没有增量的趋势，趋于稳定。

（3）通过对充填配比方案模拟计算位移监测点结果分析可知，采场采用1:4、1:8灰砂比充填料分层充填采场的顶底板位移值较大，沉降值大于水平位移值，充填后位移值得到了控制，增量最大的为监测点3点和监测点6。采场侧墙监测点位移增量较小，应变增加值不大，采场处于稳定状态。

（4）采场采用优化配比充填后，与采用1:4灰砂比充填采场比较，每个采场节省水泥5.7%，节约了充填成本。

6.3 上向分层充填采场稳定性分析

以某铁矿典型矿段采场为工程背景，采用有限元理论建立了采场稳定性分析的三维有限元模型，运用 Midas/gts 大型有限元分析软件，进行了采场设计参数分析，以及充填料配比给定下的采场间水平和垂直关联影响分析和采场开挖与充填过程对地表的影响程度分析，得出了采场间水平和垂直位移、应力、应变的关联规律。

6.3.1 采场参数与模型建立

选择某铁矿采用上向分层充填采矿方法的采场，对其采场分层充填配比进行优化研究。采场高60m，底柱高3.5m，间柱4~6m。第一分层回采高度4.5m，充填高度3m，留1.5m空顶，以利于下一分层回采时通风出矿。以后各分层回采高度4m，充填高度4m，始终保有1.5m空间，以利于下分层的作业。采场采用1:4、1:8和1:10灰砂比充填采场，顶底板1:4，中间1:8，均为采场1/4高度。

采场稳定性分析主要是采场水平和垂直关联影响分析及采场开挖与充填过程

对地表的影响程度分析。在有限元计算中，边界约束条件对计算结果影响较大，因此应尽量减少有限元模型中边界约束条件对计算结果产生的不利影响。应尽量使边界条件和实际情况相符，并使计算模型足够大，使分析的重点区域处于模型的中央部位，以减小边界效应。

依据弹塑性理论和工程类比，计算模型范围的选取通常由开挖空间的跨度和高度确定：外边界左右取跨度的 3~5 倍，上下取高度的 3~5 倍，在所取范围之外可认为不受开挖等施工因素的影响，即在这些边界处可忽略开挖等施工所引起的应力和位移。同时，保证模型不出现刚体位移及转动。

选择矿山采用上向分层充填典型矿体段，模拟开挖区域为 15 个矿房，确定模型长 2000m，宽 400m，高 800m，模型有 60907 个节点，654531 个单元。模型如图 6-24 和图 6-25 所示。

水平关联采场稳定性分析模拟开挖充填 5 号和 8 号矿房，垂直关联采场稳定性分析模拟开挖 8 号和 9 号矿房，如图 6-26 和图 6-27 所示，岩层参数和充填体参数如表 6-3 和表 6-5 所示。

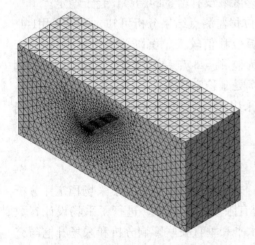

图 6-24　采场稳定性分析三维模型

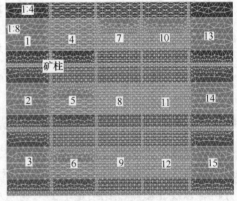

图 6-25　采场模拟分布图

图 6-26 水平关联采场稳定性分析图

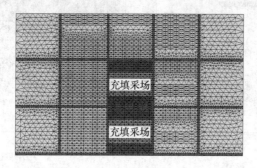

图 6-27 垂直关联采场稳定性分析图

6.3.2 水平关联采场稳定性分析

水平关联采场稳定性分析结果如图 6-28 所示，水平关联影响监测点布置和监测点位移曲线如图 6-29 和图 6-30 所示，监测点位移值与变化百分比见表 6-10。

根据计算结果可知采场开挖后，位移、应力和应变的较大值发生在顶底板上下盘边界，垂直方向各项指标值最大，水平 X 方向次之，水平 Y 方向最小。充填后采场开挖的位移和应力敏感区域没有增量的趋势，趋于稳定。

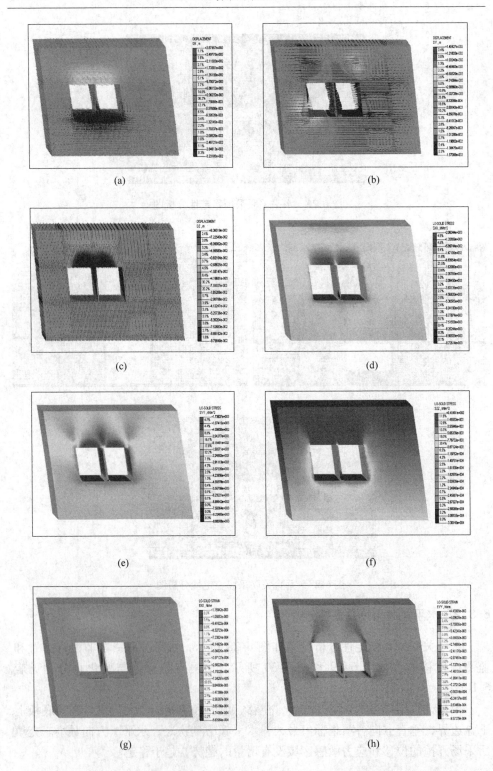

(a)　　　　　　　　　　　　　　　　(b)

(c)　　　　　　　　　　　　　　　　(d)

(e)　　　　　　　　　　　　　　　　(f)

(g)　　　　　　　　　　　　　　　　(h)

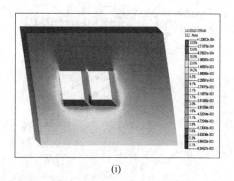

(i)

图 6-28　水平关联采场稳定性分析结果图

（a）X 方向位移矢量云图；（b）Y 方向位移矢量云图；（c）Z 方向位移矢量云图；
（d）X 方向应力云图；（e）Y 方向应力云图；（f）Z 方向应力云图；
（g）X 方向应变云图；（h）Y 方向应变云图；（i）Z 方向应变云图

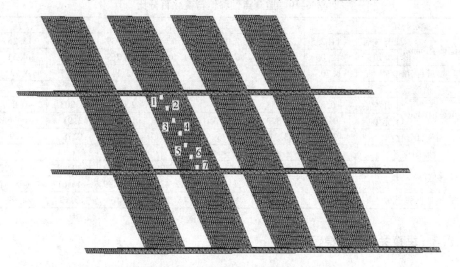

图 6-29　水平关联影响监测点布置图

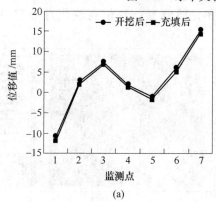

(a)

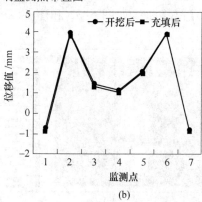

(b)

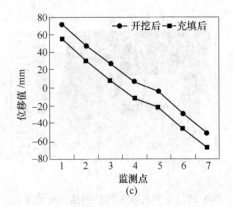

(c)

图 6-30　水平关联影响监测点位移曲线图

(a) X 方向监测点位移曲线图；(b) Y 方向监测点位移曲线图；(c) Z 方向监测点位移曲线图

表 6-10　监测点位移值与变化百分比

监测点 X		1	2	3	4	5	6	7
位移值/mm	开挖后	−11.255	2.521	7.298	1.77	−1.339	5.79	15.26
	充填后	−12.009	1.938	6.874	1.403	−1.769	5.184	14.54
增量百分比/%		6.70	23.13	5.81	20.73	32.11	10.47	4.72
监测点 Y		1	2	3	4	5	6	7
位移值/mm	开挖后	−0.81	3.953	1.417	1.087	2.019	3.903	−0.869
	充填后	−0.969	3.822	1.307	1.009	1.976	3.91	−0.863
增量百分比/%		19.63	3.31	7.76	7.18	2.13	0.18	0.69
监测点 Z		1	2	3	4	5	6	7
位移值/mm	开挖后	72.035	47.613	26.368	−10.378	−14.012	−39.485	−51.307
	充填后	56.089	37.331	22.012	−12.433	−22.299	−46.612	−67.587
增量百分比/%		28.43	27.54	19.79	16.53	37.16	15.29	24.09

6.3.3　垂直关联采场稳定性分析

垂直关联采场稳定性分析结果如图 6-31 所示，垂直关联影响监测点布置和监测点位移曲线如图 6-32 和图 6-33 所示，监测点位移值与变化百分比见表 6-11。

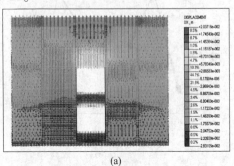

(a)

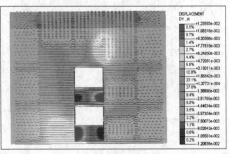

(b)

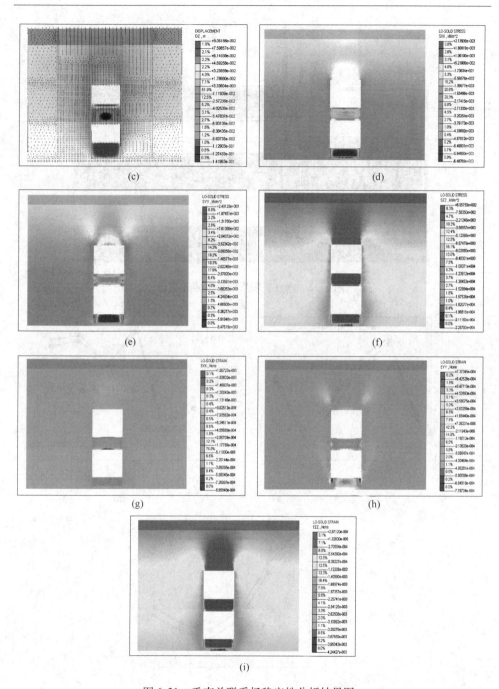

图 6-31　垂直关联采场稳定性分析结果图

（a）X 方向位移矢量云图；（b）Y 方向位移矢量云图；（c）Z 方向位移矢量云图；
（d）X 方向应力云图；（e）Y 方向应力云图；（f）Z 方向应力云图；
（g）X 方向应变云图；（h）Y 方向应变云图；（i）Z 方向应变云图

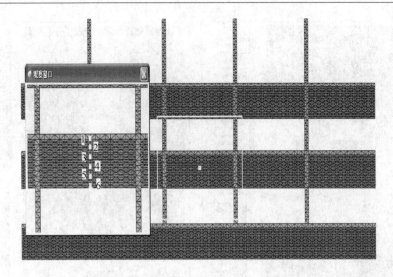

图 6-32 垂直关联影响监测点布置图

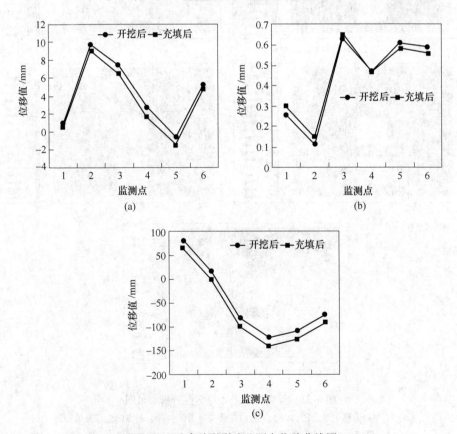

图 6-33 垂直关联影响监测点位移曲线图

(a) X 方向监测点位移曲线图；(b) Y 方向监测点位移曲线图；(c) Z 方向监测点位移曲线图

表6-11 监测点位移值与变化百分比

监测点 X		1	2	3	4	5	6
位移值/mm	开挖后	72.035	47.613	26.368	−10.378	−14.012	−39.485
	充填后	56.089	37.331	22.012	−12.433	−22.299	−46.612
增量百分比/%		28.43	27.54	19.79	16.53	37.16	15.29
监测点 Y		1	2	3	4	5	6
位移值/mm	开挖后	0.256	0.113	0.635	0.466	0.606	0.592
	充填后	0.297	0.146	0.651	0.464	0.584	0.564
增量百分比/%		16.02	29.20	2.52	0.43	3.63	4.73
监测点 Z		1	2	3	4	5	6
位移值/mm	开挖后	83.146	−16.426	−79.877	−121.825	−109.066	−74.618
	充填后	67.116	−14.972	−98.327	−140.313	−126.615	−90.325
增量百分比/%		19.28	8.85	23.10	15.18	16.09	21.05

根据计算结果可知采场开挖后,位移、应力和应变的较大值发生在顶底板中间位置,垂直方向各项指标值最大,水平 X 方向次之,水平 Y 方向最小。充填后采场开挖的位移和应力敏感区域没有增量的趋势,趋于稳定。

6.3.4 地表稳定性分析

地表稳定性分析结果如图 6-34 所示,地表监测点布置和监测点位移曲线如图 6-35 和图 6-36 所示,监测点位移值与变化百分比见表 6-12。

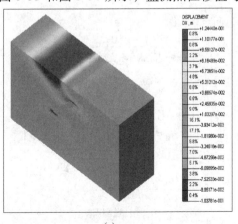

(a)

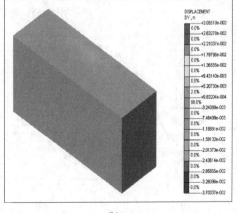

(b)

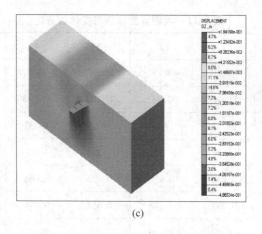

(c)

图 6-34　地表稳定性分析结果图

（a）X 方向位移云图；（b）Y 方向位移云图；（c）Z 方向位移云图

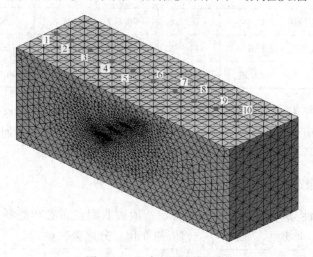

图 6-35　地表监测点布置图

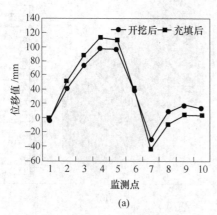

(a)

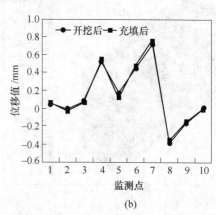

(b)

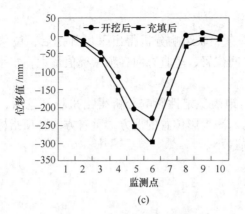

图 6-36 地表监测点位移曲线图

（a）X 方向监测点位移曲线图；（b）Y 方向监测点位移曲线图；（c）Z 方向监测点位移曲线图

表 6-12 监测点位移值与变化百分比

监测点 X		1	2	3	4	5	6	7	8	9	10
位移值	开挖后	0	41.92	73.76	97.39	97.34	38.50	-29.45	-9.23	19.24	14.09
/mm	充填后	0	51.04	88.17	113.4	110.77	39.9	-34.14	-8.39	14.86	12.30
增量百分比/%		—	21.76	19.53	16.47	13.79	3.85	15.91	9.17	22.79	12.70
监测点 Y		1	2	3	4	5	6	7	8	9	10
位移值	开挖后	0.053	-0.015	0.075	0.527	0.163	0.455	0.721	-0.378	-0.158	-0.004
/mm	充填后	0.057	-0.016	0.061	0.544	0.119	0.483	0.764	-0.355	-0.148	-0.005
增量百分比/%		7.55	6.67	18.67	3.23	26.99	6.15	5.96	6.08	6.33	25.00
监测点 Z		1	2	3	4	5	6	7	8	9	10
位移值	开挖后	7.334	-14.6	-47.4	-116.3	-204.3	-235.8	-106.1	-23.2	-7.8	-5.37
/mm	充填后	7.44	-22.7	-65.2	-149.2	-255.2	-299.1	-162.5	-30.6	-9.12	-7.59
增量百分比/%		1.45	35.5	27.1	22.06	19.93	21.15	34.71	24.1	14.5	29.1

根据计算结果可知采场开挖后，位移、应力和应变的较大值发生在矿房水平投影位置的上方，垂直方向各项指标值最大，水平 X 方向次之，水平 Y 方向最小。充填后采场开挖的位移和应力敏感区域没有增量的趋势，趋于稳定。

6.3.5 小结

基于有限元理论，运用三维有限元软件定量地计算和分析开采过程中采场水平和垂直围岩中的应力、位移和破坏区的关联规律，对采场围岩的稳定性状态做出了判断。

（1）根据采场水平关联影响分析得出采场开挖后，位移、应力和应变的较大值发生在顶底板上下盘边界，垂直方向各项指标值最大，水平 X 方向次之，水

平 Y 方向最小。

（2）根据采场垂直关联影响分析得出采场开挖后，位移、应力和应变的较大值发生在顶底板中间位置，垂直方向各项指标值最大，水平 X 方向次之，水平 Y 方向最小。

（3）根据采场对地表稳定性影响分析得出采场开挖后，位移、应力和应变的较大值发生在矿房水平投影位置的上方，垂直方向各项指标值最大，水平 X 方向次之，水平 Y 方向最小。

附　　录

附录1　正交试验方案数值模拟结果图

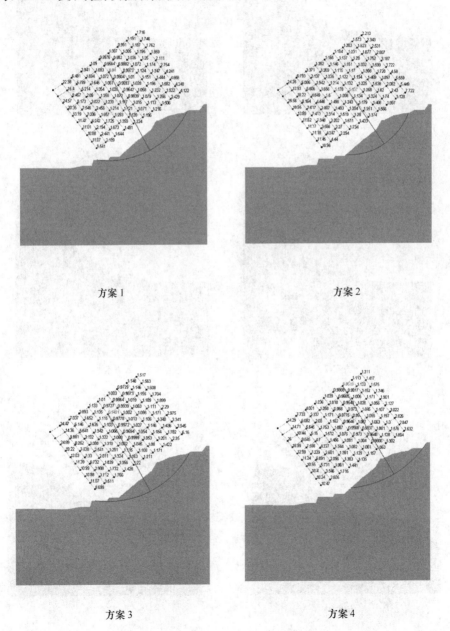

方案1

方案2

方案3

方案4

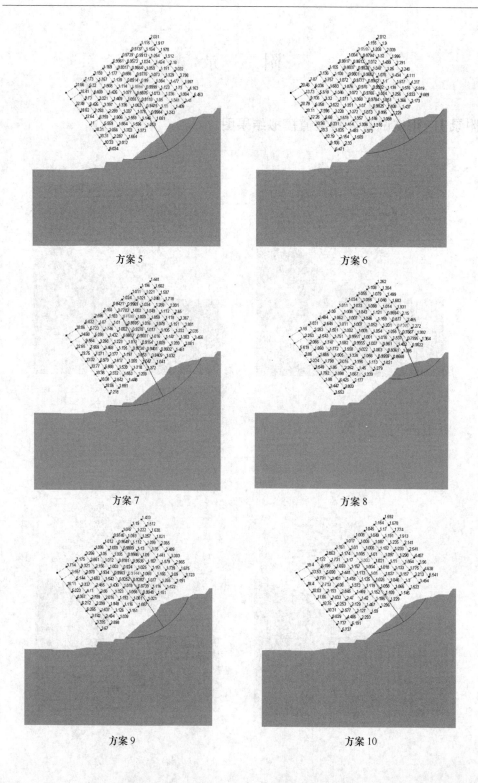

方案 5

方案 6

方案 7

方案 8

方案 9

方案 10

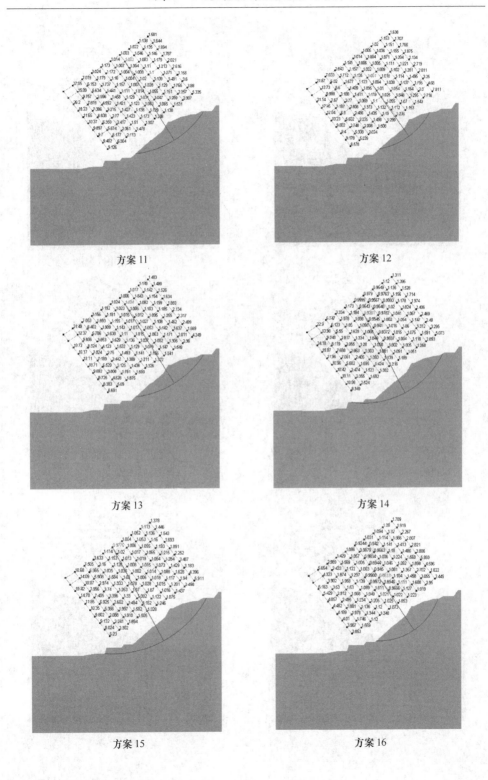

方案 11

方案 12

方案 13

方案 14

方案 15

方案 16

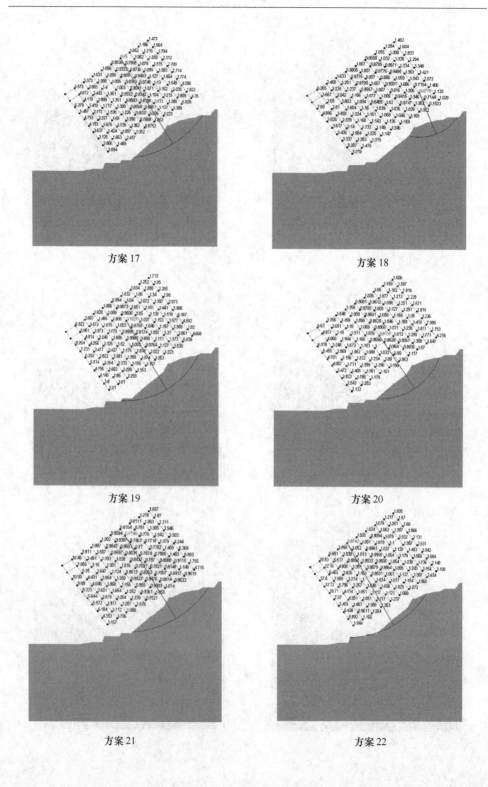

方案 17　　　　　　　　　　　　　　　　方案 18

方案 19　　　　　　　　　　　　　　　　方案 20

方案 21　　　　　　　　　　　　　　　　方案 22

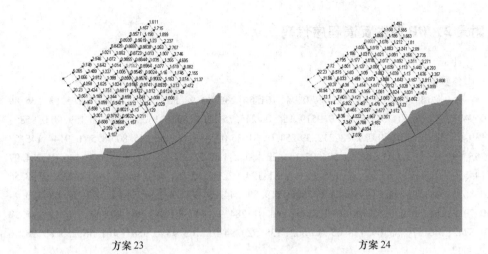

方案 23

方案 24

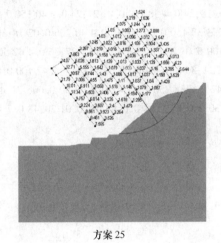

方案 25

附录 2　　BP 参数反演程序代码

```
clear
% 数据输入
p = [ 139.07  265.63  135.89  0.94;161.56  235.80  98.56  1.017;139.07  265.63  135.89
0.9491;152.96 304.31 159.90 0.9519;154.06 245.75 111 0.8856;152.96 304.31 159.90 0.9585;
139.07 265.63 135.89 0.7588;212.39 254.03 81.33 0.7355;161.56 235.80 98.56 0.9144;145.57
255.69 112.47 1.003;146.01 284.97 144.29 1.002;145.57 255.69 112.47 1.000;146.01 284.97
144.29 1.004;139.07 265.63 135.89 0.9281;124.07 285.52 164.43 0.9715;161.56 235.80 98.56
0.8633;138.52 294.91 156.73 0.7600;219.89 244.09 66.89 0.6775;146.57 255.69 123.44
0.7937;161.56 235.80 98.56 0.8135;146.01 284.97 147.89 0.7196;109.63 276.13 146.32
0.8742;146.57 255.69 138.03 0.7062;138.52 294.91 163.93 0.9887;161.56 235.80 98.56
1.009];

t = [24 0.3 36 50 0.006 18;24 0.4 38 100 0.01 21;24 0.5 40 150 0.04 24;24 0.6 42 200 0.07
27;24 0.7 44 250 1 30;30 0.3 38 150 0.04 30;30 0.4 40 200 0.07 18;30 0.5 42 250 1 21;30 0.6
44 50 0.006 24;30 0.7 36 100 0.01 27;36 0.3 40 250 1 27;36 0.4 42 50 0.006 30;36 0.5 44 100
0.01 18;36 0.6 36 150 0.04 21;36 0.7 38 200 0.07 24;42 0.3 42 100 0.01 24;42 0.4 44 150 0.04
27;42 0.5 36 200 0.07 30;42 0.6 38 250 1 18;42 0.7 40 50 0.006 21;48 0.3 44 200 0.07 21;48
0.4 36 250 1 24;48 0.5 38 50 0.006 27;48 0.6 40 100 0.01 30;48 0.7 42 150 0.04 18];
% 转置
p = p´;t = t´;
% 归一化处理
for i = 1:4
p(i,:) = (p(i,:) - min(p(i,:)))/(max(p(i,:)) - min(p(i,:)));
end
for i = 1:6
t(i,:) = (t(i,:) - min(t(i,:)))/(max(t(i,:)) - min(t(i,:)));
end
% 数据输入 2:网络有关参数
EPOCHS = 1000;
GOAL = 0.00001;

% 建立 BP 神经网络,并训练,仿真。其中输入为 p,输出为 t
% ------------------------隐层神经元确定------------------------

s = 3:20; % s 为常向量,表示神经元的个数
res = zeros(size(s)); % res 将要存储误差向量,这里先置零

% pn = [ p(1:5);p(6:10);p(11:15);p(16:20) ];
```

```
% tn = [t(1:5);t(6:10);t(11:15);t(16:20)];
for i = 1:length(s)
        net = newff(minmax(p),[s(i),6],{'tansig','purelin'},'trainlm');
        net.iw{1,1} = zeros(size(net.iw{1,1})) +0.5;
        net.lw{2,1} = zeros(size(net.lw{2,1})) +0.75;
        net.b{1,1} = zeros(size(net.b{1,1})) +0.5;
        net.b{2,1} = zeros(size(net.b{2,1}));
        net.trainParam.epochs = EPOCHS;
        net.trainParam.goal  = GOAL;
        net = train(net,p,t);
        y = sim(net,p);
e = t - y;
error = mse(e,net);
res(i) = norm(error);
end
% 选取最优神经元数,number 为使得误差最小的隐层神经元个数
number = find(res = = min(res));
if(length(number) >1)no = number(1)
else no = number
end


clear error,res
% 选定隐层神经元数目后,建立网络,训练仿真。
net = newff(minmax(p),[no,6],{'tansig','purelin'},'trainlm');
        net.iw{1,1} = zeros(size(net.iw{1,1})) +0.5;
        net.lw{2,1} = zeros(size(net.lw{2,1})) +0.75;
        net.b{1,1} = zeros(size(net.b{1,1})) +0.5;
        net.b{2,1} = zeros(size(net.b{2,1}));
        net.trainParam.epochs = EPOCHS;
        net.trainParam.goal = GOAL;
        net.trainParam.show =100;
net = train(net,p,t);


y = sim(net,p);
e = t - y;
error = mse(e,net) % error 为网络的误差向量
r = norm(error); % r 为网络的整体误差
save net   % 保存最好的网络
% 网络误差验证和出图
```

```
Y = sim( net,p) ;
e = t - Y
figure;
plot( Y,'bo')
hold on
plot( t,'r + ')
figure;
e = e( :)'
stem( e,'filled')
```

参 考 文 献

[1] 谢文兵，陈晓祥，郑百生. 采场工程问题数值模拟研究与分析 [M]. 徐州：中国矿业大学出版社，2005.

[2] Gan D Q, Lu H J, Yang Z j. Inversion analysis of mechanical parameters of slope rock mass in Baiyunebo open pit iron mine [C]. 2nd International Young Scholars' Symposium on Rock Mechanics, 2012, 10: 929 ~ 932.

[3] 卢宏建，高永涛. 大型露天终了边坡稳定性分析与加固方案优化 [J]. 中南大学学报（自然科学版），2015, 46（5）: 1786 ~ 1798.

[4] Lu Hongjian, Gan Deqing. Reinforcement engineering stability numerical analysis of Jinshandian ore chute [C]. 2011 International Conference on Computer Science and Service System, 2011, 6: 3394 ~ 3397.

[5] Gan Deqing, Lu Hongjian. Three dimensional mechanical numerical analyzing of mine pass construction of metal mine [C]. 2011 International Conference on Computer Science and Service System, 2011, 6: 4119 ~ 4122.

[6] Lu H J, Gao F, Gan D Q. Strength deteriorating of unloading rock mass in highly stressed roadway [C]. Transit Development in Rock Mechanics-Recognition, Thinking and Innovation, 2014, 11: 241 ~ 247.

[7] 王培涛，杨天鸿，朱立凯，等. 基于PFC2D岩质边坡稳定性分析的强度折减法 [J]. 东北大学学报（自然科学版），2013, 34（1）: 127 ~ 130.

[8] 胡军，刘兴宗，钟龙. 基于加卸载响应比理论的爆破动力露天矿边坡稳定性分析 [J]. 采矿与安全工程学报，2012, 29（6）: 882 ~ 887.

[9] 王树仁，魏翔，何满潮. 三维边坡稳定性系数计算新方法及其工程应用 [J]. 采矿与安全工程学报，2008, 25（3）: 277 ~ 280.

[10] Fu Wenxin, Liao Yi. Non-linear shear strength reduction technique in slope stability calculation [J]. Computers and Geotechnics, 2010, 37（3）: 288 ~ 298.

[11] 王立峰，翟惠云. 纳米硅水泥土抗压强度的正交试验和多元线性回归分析 [J]. 岩土工程学报，2010, 32（S1）: 452 ~ 457.

[12] 韩放，谢芳，王金安. 露天转地下开采岩体稳定性三维数值模拟 [J]. 北京科技大学学报，2006, 28（6）: 509 ~ 514.

[13] Ducan J M. State of the art: Limit equilibrium and finite-element analysis of slopes [J]. Journal of Geotechnical Engineering, 1996, 122（7）: 577 ~ 596.

[14] Zienkiewicz O C, Humpheson C, Lewis R W. Associated and non – associated visco – plasticity and plasticity in soil mechanics [J]. Geotechnique, 1975, 25（4）: 671 ~ 689.

[15] 卓家寿，邵国建，陈振雷. 工程稳定问题中确定滑坍面、滑向与安全度的干扰能量法 [J]. 水利学报，1997（8）: 80 ~ 84.

[16] 吴顺川，高永涛，杨占峰. 基于正交试验的露天矿高陡边坡落石随机预测 [J]. 岩石力学与工程学报，2006, 25（S1）: 2826 ~ 2832.

[17] 周中，巢万里，刘宝琛. 岩石边坡生态种植基强度的正交试验 [J]. 中南大学学报（自

然科学版），2005，36（6）：1112～1116.

[18] 张勇，邱静，刘冠军，等. 正交试验下基于 FMMESA 和 GRA 的环境应力-故障关联分析 [J]. 仪器仪表学报，2012，33（1）：29～35.

[19] 郭健，王元汉，苗雨. 基于 MPSO 的 RBF 耦合算法的桩基动测参数辨识 [J]. 岩土力学，2008，29（5）：1205～1209.

[20] Zeng Delu, Zhou Zhiheng, Xie Shengli. Construction of compact RBF network by refining coarse clusters and widths [J]. Journal of Systems Engineering and Electronics, 2009, 20 (6): 1309～1315.

[21] Huang He, Bai Jicheng, Lu Ze sheng. Electrode wear prediction in milling electrical discharge machining based on radial basis function neural network [J]. Journal of Shanghai Jiaotong University (Science), 2009, 14 (6): 736～741.

[22] 李宁，张鹏，于冲. 边坡预应力锚索加固的数值模拟方法研究 [J]. 岩石力学与工程学报，2007，26（2）：254～261.

[23] 卢宏建，甘德清，杨中建. 庙沟铁矿露天转地下过渡期稳产措施与边坡稳定性 [J]. 金属矿山，2013（1）：7～10.

[24] 杨福军. 露天转井下开采过渡期稳产途径的探索 [J]. 金属矿山，2005（9）：66～67.

[25] 康志强，李富平，李闻杰. 挂帮矿开采引起的残采边坡位移场分布规律 [J]. 金属矿山，2009（12）：50～53.

[26] 蔡路军，马建军，江兵. 高陡边坡挂帮矿开采方法研究 [J]. 金属矿山，2006（1）：65～67.

[27] 李富平，李闻杰，南世卿. 石人沟铁矿露天边坡残采后稳定性分析 [J]. 矿业研究与开发，2010，30（1）：9～12.

[28] 卢宏建，张晋峰. 基于有限元法的矿柱开采稳定性分析与优化 [J]. 金属矿山，2013（7）：1～4.

[29] 吴爱祥，武力聪. 无底柱分段崩落法结构参数研究 [J]. 中南大学学报，2012，43（5）：1845～1850.

[30] 邹常富，叶义成. 金属矿山回采巷道中玻璃钢锚杆支护参数的研究 [J]. 矿业研究与开发，2012，32（4）：18～22.

[31] 张庆新，王潇. 金山店铁矿岩石碎胀特性的试验研究 [J]. 有色金属，2012，64（5）：91～94.

[32] 闵厚禄，黄平路. 金山店铁矿地下开采地表安全问题分析 [J]. 矿业研究与开发，2008，28（5）：64～66.

[33] 姜谱男，唐春安. 金山店铁矿采场巷道施工三维数值反馈分析 [J]. 地下空间与工程学报，2008，4（4）：625～629.

[34] 龚望书. 井工开采引起地表移动变形对环境的影响 [J]. 煤矿开采，2011，16（3）：45～47.

[35] 史俊伟. 协庄煤矿矿山地质环境治理与实践 [J]. 煤矿开采，2010，15（6）：36～38.

[36] 贾新果，张彬. 采煤沉陷土地破坏程度分级研究 [J]. 煤炭工程，2008（5）：81～83.

[37] 卢宏建，李占金，陈超. 大型复杂滞留采空区稳定性监测方案研究 [J]. 化工矿物与加

工, 2013 (2): 28~32.

[38] 胡家国, 马海涛. 铁矿采空区处理方案研究 [J]. 中国安全生产科学技术, 2010, 6 (5): 67~70.

[39] 赵金刚, 孙忠弟, 张志沛. 浅析多层采空区的塌陷机理及发展因素 [J]. 地下水, 2010, 32 (2): 158~161.

[40] Gao Feng, Zhou Keping, Dong Weijun. Similar material simulation of time series system for in-duced caving of roof in continuous mining under back fill [J]. Journal of Central South University of Technology, 2008, 15 (3): 356~360.

[41] 吴兆营, 薄景山, 杜国林. 采空区对地表稳定性的影响 [J]. 自然灾害学报, 2014, 13 (2): 140~144.

[42] 国家安全生产监督管理总局, 国家煤矿安全监察局. 国家安全生产科技发展规划非煤矿山领域研究报告 (2004-2010) [R]. 2003.

[43] 卢宏建, 赵永双, 高锋, 等. 铁矿床滞留采空区充填治理顺序优化方法 [J]. 金属矿山, 2014 (7): 12~16.

[44] 付建新, 宋卫东, 杜建华. 金属矿山采空区群形成过程中围岩扰动规律研究 [J]. 岩土力学, 2013, 34 (S1): 508~515.

[45] 张敏思, 朱万成, 侯召松. 空区顶板安全厚度和临界跨度确定的数值模拟 [J]. 采矿与安全工程学报, 2012, 29 (4): 543~548.

[46] 郭力, 何朋立. 采空区充填效果的随机规律研究 [J]. 金属矿山, 2013 (4): 36~39.

[47] 王德胜, 周庆忠, 陈旭臣, 等. 浅埋特大采空区探测、稳定性分析及处置的实例研究 [J]. 岩石力学与工程学报, 2012, 9 (S2): 3882~3888.

[48] Li Shibo, Lu Hongjian. Application of Weibull distribution in calcu-lating ground deformation [J]. Applied Mechanics and Materials, 2013, 256/259: 15~18.

[49] 褚军凯, 霍俊发, 张碧踪. 符山铁矿尾矿库民采空区治理技术研究 [J]. 金属矿山, 2011 (5): 12~17.

[50] 杨彪, 罗周全, 刘晓明. 基于有限元分析的复杂采空区群危险度分级 [J]. 矿业工程研究, 2010, 25 (1): 4~8.

[51] Lu Hongjian, Yan Shuhui, Pan Guihao. Stability comprehensive a-nalysis model of iron deposit retained goaf [J]. Applied Mechanicsand Materials, 2013, 256/259: 2688~2691.

[52] 罗周全, 刘晓明, 吴亚斌, 等. 基于 Surpac 和 Phase-2 耦合的采空区稳定性模拟分析 [J]. 辽宁工程技术大学学报 (自然科学版), 2008, 27 (4): 485~488.

[53] 刘敦文, 徐国元, 黄仁东. 金属矿采空区探测新技术 [J]. 中国矿业, 2000, 9 (4): 34~37.

[54] 刘晓明, 罗周全, 杨承祥, 等. 基于实测的采空区稳定性数值模拟分析 [J]. 岩土力学, 2007, 28 (S1): 521~526.

[55] 卢宏建, 李佳慧, 董小义, 等. 铁矿床滞留采空区充填治理效果分析 [J]. 金属矿山, 2014 (8): 134~138.

[56] 费鸿禄, 杨卫风, 张国辉, 等. 金属矿山矿柱回采时爆破荷载下采空区的围岩稳定性 [J]. 爆炸与冲击, 2013, 33 (4): 344~350.

［57］寇向宇，贾明涛，王李管，等. 基于 CMS 及 DIMINE-FLAC3D 耦合技术的采空区稳定性分析与评价［J］. 矿业工程研究，2010，25（1）：31～35.

［58］卢宏建，甘德清. 铁矿床滞留采空区稳定性综合分析模型［J］. 金属矿山，2013（3）：62～65.

［59］孙占法. 荷载作用下老采空区"三带"变形规律的数值模拟研究［J］. 华北科技学院学报，2010，7（3）：17～22.

［60］Hu Jianhua，Zhou Keping，Li Xibing，et al. Numerical analysis of application for induction caving roof［J］. Journal of Central South University of Technology，2005，12（S1）：146～149.

［61］刘保卫. 采场上覆岩层"三带"高度与岩性的关系［J］. 煤炭技术，2009，28（8）：56～58.

［62］赵世成，郭忠林. 三带理论在地下开采中对露天矿边坡稳定性的影响［J］. 矿业工程，2010，6（5）：67～70.

［63］王清来，许振华，朱利平. 复杂采空区条件下残矿回收与采区稳定性的有限元数值模拟研究［J］. 金属矿山，2010（7）：37～40.

［64］Ambrozic T，Turk G. Prediction of subsidence due to under-ground mining by artificial neural networks［J］. Computers & Geo-sciences，2003，29：627～637.

［65］Donnelly L J，Dela Cruz H，Asmar I. The monitoring and prediction of mining subsidence in the Amaga，Angelopolis，Venecia and Bolombolo Regions，Antioquia，Colombia［J］. Engineering Geology，2001，59：103～114.

［66］卢宏建，陈超. 基于有限元法的充填采场稳定性分析［J］. 化工矿物与加工，2013（8）：17～20.

［67］Aksoy C O，Onargan T. Yenice H. Determining the stress and convergence at Beypazari trona field by three-dimensional elastic-plastic finite element analysis：a case study［J］. International Journal of Rock Mechanics and Mining Sciences，2006，43：166～178.

［68］韩志型，王宁. 急倾斜厚矿体无间柱上向水平分层充填法采场结构参数的研究［J］. 岩土力学，2007，28（2）：367～370.

［69］Hyu-Soung Shin，Dong-Joon Youn，Sung-Eun Chae，et al. Effective control of pore water pressures on tunnel linings using pin-hole drain method［J］. Tunnelling and Underground Space Technology，2009，24（5）：555～561.

［70］Seung Han Kim，Fulvio Tonon. Face stability and required support pressure for TBM driven tunnels with ideal face membrane-Drained case［J］. Tunnelling and Underground Space Technology，2010，25（5）：526～542.

［71］姚旭龙，朱明，岳鑫. 有限差分法在露天采场边坡稳定性分析中的应用［J］. 化工矿物与加工，2007（11）：35～37.